毒物劇物試験問題集
〔九州・沖縄統一版〕

令和６（2024）年度版

序

毒物及び劇物取締法は、日常流通している有用な化学物質のうち、毒性の著しいものについて、化学物質そのものの毒性に応じて毒物又は劇物に指定し、製造業、輸入業、販売業について登録にかからしめ、毒物劇物取扱責任者を置いて管理させるとともに、保健衛生上の見地から所要の規制を行っています。

毒物劇物取扱責任者は、毒物劇物の製造業、輸入業、販売業及び届け出の必要な業務上取扱者において設置が義務づけられており、現場の実務責任者として十分な知識を有し保健衛生上の危害の防止のために必要な管理業務に当たることが期待されています。

毒物劇物取扱者試験は、毒物劇物取扱責任者の資格要件の一つとして、各都道府県の知事が概ね一年に一度実施するものであります。

本書は、九州・沖縄統一試験で実施された令和元年年度～令和５年度における過去５年間分の試験問題を、試験の種別に編集し、解答・解説を付けたものであります。

特に本書の特色は法規・基礎化学・性状及び取扱・実地の項目に分けて問題と解答答・解説を対応させて収録し、より使い易く、分かり易い編集しました。

毒物劇物取扱者試験の受験者は、本書をもとに勉学に励み、毒物劇物に関する知識を一層深めて試験に臨み、合格されるとともに、毒物劇物に関する危害の防止についてその知識をいかんなく発揮され、ひいては、化学物質の安全の確保と産業の発展に貢献されることを願っています。

なお、本書における問題の出典先は、九州〔福岡県、佐賀県、長崎県、大分県、宮崎県、熊本県、鹿児島県〕・沖縄県。また、解答・解説については、この書籍を発行するに当たった編著により作成しております。従いまして、本書における不明な点等がある場合は、弊社へ直接メールでお問い合わせいただきますようお願い申し上げます。(お電話でのお問い合わせは、ご容赦いただきますようお願い申し上げます。)

最後にこの場をかりて試験問題の情報提供等にご協力いただいた九州〔福岡県、佐賀県、長崎県、大分県、宮崎県、熊本県、鹿児島県〕・沖縄県の担当の方へ深く謝意を申し上げます。

２０２４年4月

目　次

〔実地編〕

〔解答・解説編〕

筆　記　編
〔法規、基礎化学、
性質・貯蔵・取扱〕

〔筆記・法規編〕

【令和元年度実施】

※九州全県・沖縄県統一共通においては、毎年８月に行われている試験が台風の影響により、２通りに分かれて試験が実施されました。これに伴い令和元年度は、２つの試験問題作成がされたことで、２つの試験問題を収録いたしました。

九州全県・沖縄県統一共通①〔福岡県、沖縄県〕

〔法　規〕

(一般・農業用品目・特定品目共通)

※　法規に関する以下の設問中、毒物及び劇物取締法を「法律」、毒物及び劇物取締法施行令を「政令」、毒物及び劇物取締法施行規則を「省令」とそれぞれ略称する。また、「都道府県知事」とあるのは、その店舗の所在地が地域保健法第５条第１項の政令で定める市(保健所を設置する市)又は特別区の区域にある場合においては、市長又は区長とする。

問　1　以下のうち、法律第１条及び第２条の条文として、誤っているものを一つ選びなさい。

1　この法律は、毒物及び劇物について、保健衛生上の見地から必要な取締を行うことを目的とする。
2　この法律で「毒物」とは、別表第一に掲げる物であつて、医薬品及び医薬部外品以外のものをいう。
3　この法律で「劇物」とは、別表第二に掲げる物であつて、医薬品及び医薬部外品以外のものをいう。
4　この法律で「特定毒物」とは、毒物及び劇物以外の物であつて、別表第三に掲げるものをいう。

問　2　以下の物質のうち、毒物に該当するものとして、正しいものの組み合わせを下から一つ選びなさい。

1　弗(ふっ)化水素　　2　セレン　　3　硝酸タリウム　　4　ブロムメチル

1（ア、イ）　2（ア、エ）　3（イ、ウ）　4（ウ、エ）

問　3　以下の製剤のうち、劇物に該当するものとして正しい組み合わせを下から一つ選びなさい。

ア　塩化水素を10％含有する製剤
イ　水酸化カリウムを10％含有する製剤
ウ　水酸化ナトリウムを10％含有する製剤
エ　硫酸を10％含有する製剤

1（ア、イ）　2（ア、エ）　3（イ、ウ）　4（ウ、エ）

問　4　以下の記述は、法律第 14 条第１項の条文である。（　　）の中に入れるべき字句の正しい組み合わせを下から一つ選びなさい。

法律第 14 条第１項
　毒物劇物営業者は、毒物又は劇物を他の毒物劇物営業者に販売し、又は授与したときは、その都度、次に掲げる事項を書面に記載しておかなければならない。
一 毒物又は劇物の（　ア　）及び数量
二 販売又は授与の年月日
三 （　イ　）の氏名、（　ウ　）及び住所（法人にあつては、その名称及び主たる事務所の所在地）

	ア	イ	ウ
1	成分	譲受人	年齢
2	成分	責任者	職業
3	名称	譲受人	職業
4	名称	責任者	年齢

問　5　以下の記述は、法律第３条の２第９項の条文である。（　　）の中に入れるべき字句の正しい組み合わせを下から一つ選びなさい。

法律第３条の２第９項
　毒物劇物営業者又は特定毒物研究者は、保健衛生上の危害を防止するため政令で特定毒物について（　ア　）、（　イ　）又は（　ウ　）の基準が定められたときは、当該特定毒物については、その基準に適合するものでなければ、これを特定毒物使用者に譲り渡してはならない。

	ア	イ	ウ
1	品質	廃棄	運搬
2	毒性	廃棄	表示
3	品質	着色	表示
4	毒性	着色	運搬

問　6　以下のうち、都道府県知事が行う毒物劇物取扱者試験に合格した者で、毒物劇物取扱責任者となることができない者の組み合わせを下から一つ選びなさい。

ア 17 歳の者
イ 毒物劇物営業登録施設での実務経験が１年未満の者
ウ 麻薬の中毒者
エ 道路交通法違反で罰金以上の刑に処せられ、その執行を終わり、１年を経過した者

1（ア、イ）　2（ア、ウ）　3（イ、エ）　4（ウ、エ）

問　7　以下の物質のうち、法律第３条の４の規定により、引火性、発火性又は爆発性のある毒物又は劇物であって、業務その他正当な理由による場合を除いては、所持してはならないものとして政令で定められているものの組み合わせを下から一つ選びなさい。

ア リチウム　　　　　　イ アルミニウム
ウ 塩素酸ナトリウム　　エ 亜塩素酸ナトリウム

1（ア、イ）　2（ア、ウ）　3（イ、エ）　4（ウ、エ）

問　8　以下のうち、法律第 22 条第１項の規定により、業務上取扱者として届け出なければならない者として正しいものを一つ選びなさい。

1 金属熱処理を行う事業者であって、その業務上、弗(ふっ)化水素酸を取り扱う者
2 ねずみの駆除を行う事業者であって、その業務上、モノフルオール酢酸を取り扱う者
3 電気めっきを行う事業者であって、その業務上、無水クロム酸を取り扱う者
4 しろありの防除を行う事業者であって、その業務上、亜砒(ひ)酸を取り扱う者

問　9　以下のうち、政令第40条の9及び省令第13条の12の規定により、毒物劇物営業者が毒物又は劇物を販売し、又は授与する時までに、譲受人に対し提供しなければならない情報の内容について、正しいものの組み合わせを下から一つ選びなさい。

ア 名称並びに成分及びその含量
イ 情報を提供する毒物劇物取扱責任者の氏名
ウ 応急措置
エ 管轄保健所の連絡先

1（ア、イ）　2（ア、ウ）　3（イ、エ）　4（ウ、エ）

問　10　以下のうち、法律第10条の規定により、毒物又は劇物の販売業者が30日以内に届け出なければならない場合として、正しいものの組み合わせを下から一つ選びなさい。

ア 販売する毒物又は劇物の品目を変更したとき
イ 法人である販売業者がその代表取締役を変更したとき
ウ 毒物又は劇物を貯蔵する設備の重要な部分を変更したとき
エ 店舗における営業を廃止したとき

1（ア、イ）　2（ア、ウ）　3（イ、エ）　4（ウ、エ）

問　11　以下のうち、運搬業者が車両を使用して1回につき5,000キログラムのクロルピクリンを運搬する場合に、当該車両に備えなければならない省令で定める保護具として正しいものを一つ選びなさい。

1 保護長ぐつ、保護衣、保護眼鏡、普通ガス用防毒マスク
2 保護手袋、保護長ぐつ、保護衣、有機ガス用防毒マスク
3 保護手袋、保護衣、保護眼鏡、酸性ガス用防毒マスク
4 保護手袋、保護長ぐつ、保護眼鏡、普通ガス用防毒マスク

問　12　以下の記述は、政令第40条の5の規定による毒物又は劇物の運搬方法に関するものである。（　）の中に入れるべき字句の正しい組み合わせを下から一つ選びなさい。

車両を使用して1回につき5,000キログラムの20％水酸化ナトリウム水溶液を運搬するとき、1日当たりの運転時間が（　ア　）を超える場合には、運転者のほか交替して運転する者を同乗させなければならない。
また、連続運転時間（1回が連続10分以上で、かつ、合計が（　イ　）以上の運転の中断をすることなく連続して運転する時間をいう。）が4時間を超える場合も同様である。

	ア	イ
1	9時間	30分
2	9時間	60分
3	6時間	30分
4	6時間	60分

問　13　以下のうち、法律第12条第1項の規定により、毒物又は劇物の輸入業者が輸入した毒物の容器及び被包に表示しなければならない事項として正しいものを一つ選びなさい。

1 「医薬用外」の文字及び白地に赤色をもって「毒物」の文字
2 「輸入品」の文字及び白地に黒色をもって「毒」の文字
3 「医薬用外」の文字及び赤地に白色をもって「毒物」の文字
4 「輸入品」の文字及び黒地に白色をもって「毒」の文字

問 14　以下の記述のうち、法律の条文に照らして、正しいものを一つ選びなさい。

1　毒物又は劇物の製造業の登録は、５年ごとに、毒物又は劇物の輸入業の登録は、６年ごとに、更新を受けなければ、その効力を失う。

2　毒物又は劇物の製造業者は、毒物又は劇物の譲渡手続きに必要な書面を販売又は授与した日から３年間保存しなければならない。

3　特定毒物研究者は、その特定毒物研究者の許可が効力を失ったときは、15 日以内に、現に所有する特定毒物の品名及び数量を届け出なければならない。

4　毒物又は劇物の製造業者は、毒物劇物取扱責任者を置いたときは、50 日以内に、その毒物劇物取扱責任者の氏名を届け出なければならない。

問 15　以下のうち、法律第 12 条第２項及び省令第 11 条の６第４号の規定により、毒物又は劇物の販売業者が、毒物の直接の容器を開いて、毒物を販売するときに、その容器及び被包に表示しなければならない事項として、誤っているものを一つ選びなさい。

1　毒物又は劇物の販売業者の氏名及び住所（法人にあっては、その名称及び主たる事務所の所在地）

2　販売する毒物の名称、成分及びその含量

3　毒物劇物取扱責任者の氏名

4　販売する毒物の開封年月日

問 16　以下の記述のうち、法律の条文に照らして、正しいものを一つ選びなさい。

1　農業用品目販売業の登録を受けた者は、全ての品目の毒物及び劇物を販売することができる。

2　毒物又は劇物の販売業の登録を受けようとする者で、店舗が複数ある場合は、主たる店舗についてのみ都道府県知事の登録を受けることで足りる。

3　毒物又は劇物の販売業の登録を受けようとする者が、法律の規定により登録を取り消され、取消の日から起算して２年を経過していないものであるときは、販売業の登録を受けることができない。

4　毒物又は劇物の販売業の登録は、５年ごとに、更新を受けなければ、その効力を失う。

問 17　以下の記述は、法律第 21 条第２項に関するものである。（　）の中に入れるべき数字を下から一つ選びなさい。

毒物劇物営業者は、その営業の登録が効力を失ったときは、その登録が失効した日から起算して（　）日以内に、現に所有する特定毒物を他の毒物劇物営業者、特定毒物研究者又は特定毒物使用者に譲り渡す場合に限り、その譲渡が認められる。

1　10　　2　15　　3　30　　4　50

問 18　以下のうち、車両を使用して、１回の運搬につき 1,000 キログラムを超えて毒物又は劇物を運搬する場合で、当該運搬を他に委託するとき、荷送人が運送人に対し、あらかじめ、交付する書面に記載する事項として、政令第 40 条の６の条文に規定されていないものを一つ選びなさい。

1　毒物又は劇物の名称

2　毒物又は劇物の成分及びその含量

3　毒物又は劇物の製造業者の氏名及び住所

4　事故の際に講じなければならない応急の措置の内容

問 19 以下の記述は、法律第16条の2第2項の条文である。（　）の中に入れるべき字句を下から一つ選びなさい。

法律第16条の2第2項
　毒物劇物営業者及び特定毒物研究者は、その取扱いに係る毒物又は劇物が盗難にあい、又は紛失したときは、直ちに、その旨を（　）に届け出なければならない。

1　保健所　　2　警察署　　3　消防機関　　4　厚生労働省

問 20 以下のうち、毒物劇物営業者が、モノフルオール酢酸アミドを含有する製剤を特定毒物使用者に譲り渡す場合の着色の基準として正しいものを一つ選びなさい。

1　黒色に着色されていること
2　赤色に着色されていること
3　黄色に着色されていること
4　青色に着色されていること

問 21 以下の記述は、毒物を運搬する車両に掲げる標識について規定した省令第13条の5の条文である。（　）の中に入れるべき字句の正しい組み合わせを下から一つ選びなさい。

省令第13条の5
　令第40条の5第2項第2号に規定する標識は、0.3メートル平方の板に地を（ ア ）、文字を（ イ ）として「毒」と表示し、車両の（ ウ ）の見やすい箇所に掲げなければならない。

	ア	イ	ウ
1	白色	黒色	前後
2	白色	黒色	側面
3	黒色	白色	前後
4	黒色	白色	側面

問 22 以下の記述は、政令第40条に定める毒物又は劇物の廃棄の方法に関するものである。（　）の中に入れるべき字句の正しい組み合わせを下から一つ選びなさい。なお、同じ記号の（　）内には同じ字句が入ります。

一　中和、加水分解、酸化、還元、稀釈その他の方法により、毒物及び劇物並びに法律第11条第2項に規定する政令で定める物のいずれにも該当しない物とすること。
二　ガス体又は（ ア ）性の毒物又は劇物は、保健衛生上危害を生ずるおそれがない場所で、少量ずつ放出し、又は（ ア ）させること。
三　（ イ ）性の毒物又は劇物は、保健衛生上危害を生ずるおそれがない場所で、少量ずつ燃焼させること。
四　前各号により難い場合には、地下1メートル以上で、かつ、（ ウ ）を汚染するおそれがない地中に確実に埋め、海面上に引き上げられ、若しくは浮き上がるおそれがない方法で海水中に沈め、又は保健衛生上危害を生ずるおそれがないその他の方法で処理すること。

	ア	イ	ウ
1	揮発	引火	土壌
2	発火	可燃	土壌
3	発火	引火	地下水
4	揮発	可燃	地下水

問 23　以下の記述の正誤について、省令第４条の４の規定により、毒物又は劇物の製造所の設備の基準として、正しいものの組み合わせを下から一つ選びなさい。

ア　毒物又は劇物を陳列する場所にかぎをかける設備があること。
イ　コンクリート、板張り又はこれに準ずる構造とする等その外に毒物又は劇物が飛散し、漏れ、しみ出若しくは流れ出、又は地下にしみ込むおそれのない構造であること。
ウ　毒物又は劇物を貯蔵する場所が性質上かぎをかけることができないものであるときは、その周囲に、堅固なさくが設けてあること。
エ　毒物又は劇物を含有する粉じん、蒸気又は廃水の処理に要する設備又は器具を備えていること。

	ア	イ	ウ	エ
1	正	正	正	正
2	正	正	誤	誤
3	正	誤	誤	正
4	誤	正	正	正

問 24　以下の記述は、法律第 24 条の２の条文である。（　）の中に入れるべき字句を下から一つ選びなさい。なお、２か所の（　）内にはどちらも同じ字句が入ります。

法律第 24 条の２
次の各号のいずれかに該当する者は、２年以下の懲役若しくは 100 万円以下の罰金に処し、又はこれを併科する。
一　みだりに摂取し、若しくは吸入し、又はこれらの目的で（　　）第３条の３に規定する政令で定める物を販売し、又は授与した者
二　業務その他正当な理由によることなく（　　）第３条の４に規定する政令で定める物を販売し、又は授与した者
三　第 22 条第６項の規定による命令に違反した者

1　所持することの情を知つて
2　所持することの情を知らず
3　所持することの情の有無にかかわらず
4　所持することの情を確認せず

問 25　以下の記述は、法律第 17 条第２項の条文である。（　　）の中に入れるべき字句の正しい組み合わせを下から一つ選びなさい。

法律第 17 条第２項
（ア）は、保健衛生上必要があると認めるときは、毒物又は劇物の販売業者又は特定毒物研究者から必要な報告を徴し、又は薬事監視員のうちからあらかじめ指定する者に、これらの者の店舗、研究所その他業務上毒物若しくは劇物を取り扱う場所に立ち入り、帳簿その他の物件を（イ）させ、関係者に質問させ、試験のため必要な最小限度の分量に限り、毒物、劇物、第 11 条第２項に規定する政令で定める物若しくはその疑いのある物を（ウ）させることができる。

	ア	イ	ウ
1	厚生労働大臣	検査	調査
2	都道府県知事	検査	収去
3	都道府県知事	捜査	調査
4	厚生労働大臣	捜査	収去

【令和元年度実施】

※九州全県・沖縄県統一共通においては、毎年８月に行われている試験が台風の影響により、２通りに分かれて試験が実施されました。これに伴い令和元年度は、２つの試験問題作成がされたことで、２つの試験問題を収録いたしました。

九州全県・沖縄県統一共通②〔佐賀県、長崎県、熊本県、大分県、宮崎県、鹿児島県〕

〔法　規〕

（一般・農業用品目・特定品目共通）

※　法規に関する以下の設問中、毒物及び劇物取締法を「法律」、毒物及び劇物取締法施行令を「政令」、毒物及び劇物取締法施行規則を「省令」とそれぞれ略称する。また、「都道府県知事」とあるのは、その店舗の所在地が地域保健法第５条第１項の政令で定める市（保健所を設置する市）又は特別区の区域にある場合においては、市長又は区長とする。

問　１　以下の記述は、法律第１条の条文である。（　　）の中に入れるべき字句の正しい組み合わせを下から一つ選びなさい。

法律第１条
この法律は、毒物及び劇物について、（　ア　）上の見地から必要な（　イ　）を行うことを目的とする。

	ア	イ
1	公衆衛生	取締
2	保健衛生	取締
3	保健衛生	指導
4	公衆衛生	指導

問　２　以下の物質のうち、法律第２条第３項の規定により、特定毒物に該当するものを一つ選びなさい。

1　水酸化ナトリウム　　2　モノフルオール酢酸アミド
3　水銀　　4　クロロホルム

問　３　以下のうち、法律第３条の３及び政令第32条の２の規定により、興奮、幻覚又は麻酔の 作用を有する毒物又は劇物（これらを含有する物を含む。）として定められていないものを一 つ選びなさい。

1　トルエン　　2　亜塩素酸ナトリウム
3　酢酸エチルを含有するシンナー　　4　メタノールを含有する接着剤

問　４　以下の記述は、法律第３条の４の条文である。（　　）の中に入れるべき字句の正しい組 み合わせを下から一つ選びなさい。

法律第３条の４
引火性、発火性又は（　ア　）のある毒物又は劇物であつて政令で定めるものは、業 務その他正当な理由による場合を除いては、（　イ　）してはならない。

	ア	イ
1	爆発性	所持
2	興奮性	販売
3	爆発性	販売
4	興奮性	所持

問 5 以下の記述は、法律第３条の条文の一部である。(　)の中に入れるべき字句の正しい組み合わせを下から一つ選びなさい。

毒物又は劇物の販売業の登録を受けた者でなければ、毒物又は劇物を販売し、(　ア　)し、又は販売若しくは(　ア　)の目的で貯蔵し、運搬し、若しくは(　イ　)してはならない。

	ア	イ
1	授与	陳列
2	使用	陳列
3	授与	所持
4	使用	所持

問 6 法律第３条の２の規定による、特定毒物研究者に関する以下の記述の正誤について、正しい組み合わせを下から一つ選びなさい。

ア　特定毒物研究者は、特定毒物を学術研究以外の目的にも使用することができる。
イ　特定毒物研究者は、特定毒物使用者に対し、その者が使用することができる特定毒物を譲り渡すことができる。
ウ　特定毒物研究者は、特定毒物を使用することはできるが、製造してはならない。
エ　特定毒物研究者は、特定毒物を輸入することができる。

	ア	イ	ウ	エ
1	正	正	正	正
2	正	正	誤	誤
3	正	誤	誤	誤
4	誤	正	誤	正

問 7 毒物又は劇物の販売業に関する以下の記述のうち、誤っているものを一つ選びなさい。

1　毒物又は劇物の販売業の登録は、店舗ごとに受けなければならない。
2　特定品目販売業の登録を受けた者でなければ、特定毒物を販売することはできない。
3　毒物又は劇物の販売業の登録は６年ごとに更新を受けなければ、その効力を失う。
4　農業用品目販売業の登録を受けた者は、農業用品目以外の毒物又は劇物を販売してはならない。

問 8 省令第４条の４の規定による毒物又は劇物の製造所等の設備基準に関する以下の記述の正誤について、正しい組み合わせを下から一つ選びなさい。

ア　毒物又は劇物の貯蔵設備は、毒物又は劇物とその他の物とを区分して貯蔵できるものであること。
イ　毒物又は劇物を貯蔵する場所が性質上かぎをかけることができないものであるときは、その周囲に、堅固なさくが設けてあること。
ウ　毒物又は劇物を貯蔵するタンク、ドラムかん、その他の容器は、毒物又は劇物が飛散し、漏れ、又はしみ出るおそれのないものであること。
エ　毒物又は劇物を陳列する場所にかぎをかける設備があること。

	ア	イ	ウ	エ
1	正	正	正	正
2	正	正	誤	誤
3	正	誤	正	誤
4	誤	誤	誤	正

問 9 毒物劇物取扱責任者に関する以下の記述のうち、誤っているものを一つ選びなさい。

1　都道府県知事が行う毒物劇物取扱者試験の合格者又は薬剤師でなければ、毒物劇物営業者の毒物劇物取扱責任者になることができない。
2　毒物又は劇物の販売業者は、毒物劇物取扱責任者を変更したときは、30 日以内に、その店舗の所在地の都道府県知事に、その毒物劇物取扱責任者の氏名を届け出なければならない。
3　18 歳未満の者は、毒物劇物取扱責任者になることができない。
4　毒物又は劇物の製造業者が、販売業を併せ営む場合において、その製造所と店舗が互いに隣接しているとき、毒物劇物取扱責任者は、これらの施設を通じて 1人で足りる。

問　10 毒物劇物営業者に関する以下の記述の正誤について、正しい組み合わせを下から一つ選びなさい。

ア 毒物劇物営業者は、その氏名又は住所(法人にあっては、その名称又は主たる事務所の所在地)を変更したときは、50日以内に、その旨を届け出なければならない。
イ 毒物劇物営業者は、その営業の登録が効力を失ったときは、30日以内に、現に所有する特定毒物の品名及び数量を届け出なければならない。
ウ 毒物劇物販売業者は、毒物又は劇物を貯蔵する設備の重要な部分を変更したときは、30日以内に、その旨を届け出なければならない。
エ 毒物劇物製造業者は、登録を受けた毒物又は劇物以外の毒物又は劇物を製造しようとするときは、あらかじめ登録の変更を受けなければならない。

	ア	イ	ウ	エ
1	正	正	正	誤
2	正	誤	誤	誤
3	誤	正	誤	正
4	誤	誤	正	正

問　11 以下の記述は、法律第11条第4項の条文である。(　　)の中に入れるべき字句を下から一つ選びなさい。

法律第11条第4項
毒物劇物営業者及び特定毒物研究者は、毒物又は厚生労働省令で定める劇物については、その容器として、(　)の容器として通常使用される物を使用してはならない。

1 医薬品　　2 化粧品　　3 飲食物　　4 農薬

問　12 以下の毒物又は劇物の表示に関する記述のうち、法律第12条第1項の規定により、正しいものを一つ選びなさい。

1 毒物劇物営業者は、毒物の容器及び被包に、「医薬用外」の文字及び赤地に白色をもって「毒物」の文字を表示しなければならない。
2 毒物劇物営業者は、毒物の容器及び被包に、「医薬部外」の文字及び白地に赤色をもって「毒物」の文字を表示しなければならない。
3 毒物劇物営業者は、劇物の容器及び被包に、「医薬用外」の文字及び赤地に白色をもって「劇物」の文字を表示しなければならない。
4 毒物劇物営業者は、劇物の容器及び被包に、「医薬部外」の文字及び白地に赤色をもって「劇物」の文字を表示しなければならない。

問　13 以下の記述は、法律第12条第2項の条文である。(　　)の中に入れるべき字句の正しい組み合わせを下から一つ選びなさい。

法律第12条第2項
毒物劇物営業者は、その容器及び被包に、左に掲げる事項を表示しなければ、毒物又は劇物を販売し、又は授与してはならない。
一　毒物又は劇物の名称
二　毒物又は劇物の(　ア　)及びその(　イ　)
三　厚生労働省令で定める毒物又は劇物については、それぞれ厚生労働省令で定めるその(　ウ　)の名称
四　毒物又は劇物の取扱及び使用上特に必要と認めて、厚生労働省令で定める事項

	ア	イ	ウ
1	成分	性状	中和剤
2	化学構造式	含量	中和剤
3	成分	含量	解毒剤
4	化学構造式	性状	解毒剤

問 14 以下の劇物のうち、毒物劇物営業者が省令で定める方法により着色したものでなければ、農業用として販売し、又は授与してはならないものとして、正しいものの組み合わせを下から一つ選びなさい。

ア 硫酸タリウムを含有する製剤たる劇物
イ ジメトエートを含有する製剤たる劇物
ウ 塩素酸ナトリウムを含有する製剤たる劇物
エ 燐(りん)化亜鉛を含有する製剤たる劇物

1（ア、イ）　2（ア、エ）　3（イ、ウ）　4（ウ、エ）

問 15 以下のうち、毒物又は劇物の販売業者が、毒物劇物営業者以外の者に毒物又は劇物を販売するときに、譲受人から提出を受けなければならない書面の記載事項として、法律第 14 条に規定されていないものを一つ選びなさい。

1 毒物又は劇物の使用目的
2 販売年月日
3 毒物又は劇物の名称及び数量
4 譲受人の氏名、職業及び住所(法人にあっては、その名称及び主たる事務所の所在地

問 16 以下のうち、法律第 14 条第４項の規定により、毒物又は劇物の販売業者が、毒物劇物営業者以外の者に劇物を販売するときに、譲受人から提出を受ける書面の保存期間として、正しいものを一つ選びなさい。

1 販売の日から１年間　　2 販売の日から３年間
3 販売の日から５年間　　4 販売の日から６年間

問 17 以下の記述は、法律第 15 条第１項の条文である。(　　)の中に入れるべき字句の正しい組み合わせを下から一つ選びなさい。

法律第 15 条第１項
毒物劇物営業者は、毒物又は劇物を次に掲げる者に交付してはならない。
一 (ア)未満の者
二 心身の障害により毒物又は劇物による保健衛生上の危害の防止の措置を適正に行うことができない者として厚生労働省令で定めるもの
三 麻薬、(イ)、あへん又は覚せい剤の中毒者

	ア	イ
1	20 歳	大麻
2	18 歳	向精神薬
3	18 歳	大麻
4	20 歳	向精神薬

問 18 以下の記述は、政令第 40 条の５及び省令第 13 条の５に規定されている、毒物又は劇物の運搬方法に関するものである。(　　)の中に入れるべき字句として正しい組み合わせを下から一つ選びなさい。

劇物である硝酸を、車両を用いて１回につき 8,000 キログラム運搬するときは、車両に(ア)メートル平方の板に地を(イ)、文字を白色として、(ウ)と表示した標識を、車両の前後の見やすい箇所に掲げなければならない。

	ア	イ	ウ
1	0.5	赤色	「毒」
2	0.3	黒色	「毒」
3	0.3	赤色	「劇」
4	0.5	黒色	「劇」

問 19 以下の記述は、運搬業者が車両を使用して1回につき5,000キログラムの塩素を運搬する際に、当該車両に備えなければならない省令で定める保護具を示したものである。(　)の中に入れるべき字句を下から一つ選びなさい。

保護手袋、保護長ぐつ、保護衣、(　)

1 酸性ガス用防毒マスク　　2 有機ガス用防毒マスク
3 普通ガス用防毒マスク　　4 アンモニア用防毒マスク

問 20 以下の記述は、毒物又は劇物の廃棄の方法に関する政令第 40 条の条文の一部である。(　　)の中に入れるべき字句の正しい組み合わせを下から一つ選びなさい。

一 (ア)、加水分解、酸化、還元、稀釈その他の方法により、毒物及び劇物並びに法第11条第2項に規定する政令で定める物のいずれにも該当しない物とすること。

二 ガス体又は揮発性の毒物又は劇物は、保健衛生上危害を生ずるおそれがない場所で、少量ずつ放出し、又は揮発させること。

三 可燃性の毒物又は劇物は、保健衛生上危害を生ずるおそれがない場所で、少量ずつ(イ)させること。

四 前各号により難い場合には、地下1メートル以上で、かつ、(ウ)を汚染するおそれがない地中に確実に埋め、海面上に引き上げられ、若しくは浮き上がるおそれがない方法で海水中に沈め、又は保健衛生上危害を生ずるおそれがないその他の方法で処理すること。

	ア	イ	ウ
1	中和	蒸発	土壌
2	濃縮	蒸発	地下水
3	中和	燃焼	地下水
4	濃縮	燃焼	土壌

問 21 毒物劇物営業者が毒物又は劇物を販売又は授与する際の情報提供に関する以下の記述のうち、正しいものの組み合わせを下から一つ選びなさい。

ア 毒物劇物営業者は、毒物又は劇物の譲受人に対し、既に当該毒物又は劇物の性状及び取扱いに関する情報を提供していたとしても、販売する際には必ず情報提供しなければならない。

イ 譲受人の承諾があれば、情報提供の方法は必ずしも文書の交付でなくてもよい。

ウ 提供した毒物又は劇物の性状及び取扱いに関する情報の内容に変更が生じたときは、速やかに、販売した譲受人に対し、変更後の性状及び取扱いに関する情報を提供するよう努めなければならない。

エ 毒物劇物営業者は、1回につき200ミリグラム以下の毒物を販売する場合、譲受人に対して情報提供を省略できる。

1 (ア、ウ)　2 (ア、エ)　3 (イ、ウ)　4 (イ、エ)

問 22 以下のうち、政令第40条の9及び省令第13条の12の規定により、毒物劇物営業者が毒物又は劇物を販売し、又は授与する時までに、譲受人に対し提供しなければならない情報の内容について、正しいものの組み合わせを下から一つ選びなさい。

ア 盗難・紛失時の措置　　イ 取扱い及び保管上の注意
ウ 毒物劇物取扱責任者の氏名　　エ 応急措置

1 (ア、イ)　2 (ア、ウ)　3 (イ、エ)　4 (ウ、エ)

問　23　以下の記述は、法律第16条の2第1項の条文である。(　　)の中に入れるべき字句の正しい組み合わせを下から一つ選びなさい。

法律第16条の2第1項
毒物劇物営業者及び特定毒物研究者は、その取扱いに係る毒物若しくは劇物又は第11条第2項に規定する政令で定める物が飛散し、漏れ、流れ出、しみ出、又は地下にしみ込んだ場合において、不特定又は多数の者について保健衛生上の危害が生ずるおそれがあるときは、(　ア　)、その旨を(　イ　)、警察署又は(　ウ　)に届け出るとともに、保健衛生上の危害を防止するために必要な応急の措置を講じなければならない。

	ア	イ	ウ
1	直ちに	労働基準監督署	消防機関
2	3日以内に	労働基準監督署	医療機関
3	直ちに	保健所	消防機関
4	3日以内に	保健所	医療機関

問　24　法律第17条に規定されている、立入検査等に関する以下の記述について、誤っているものを下から一つ選びなさい。

1　都道府県知事は、保健衛生上必要があると認めるときは、毒物又は劇物の販売業者から必要な報告を徴することができる。
2　毒物劇物監視員は、薬事監視員のうちからあらかじめ指定されている。
3　毒物劇物監視員は、その身分を示す証票を携帯し、関係者から請求があるときは、証票を提示しなければならない。
4　都道府県知事は、犯罪捜査上必要があると認めるときは、毒物劇物監視員に、毒物又は劇物の販売店舗に立ち入り、試験のために必要な最小限度の分量に限り、毒物又は劇物を収去させることができる。

問　25　以下のうち、法律第22条第1項の規定により、業務上取扱者の届出を要する事業として、定められていないものを一つ選びなさい。

1　砒(ひ)素化合物を用いて、しろあり防除を行う事業
2　水酸化ナトリウムを用いて、清掃を行う事業
3　シアン化ナトリウムを用いて、金属熱処理を行う事業
4　最大積載量が5,000キログラム以上のタンクローリーを用いて、臭素の運搬を行う事業

【令和２年度実施】

〔法　規〕

（一般・農業用品目・特定品目共通）

※　法規に関する以下の設問中、毒物及び劇物取締法を「法律」、毒物及び劇物取締法施行令を「政令」、毒物及び劇物取締法施行規則を「省令」とそれぞれ略称する。

問　1　毒物及び劇物の定義に関する以下の記述のうち、正しいものの組み合わせを下から一つ選びなさい。

ア　法律の別表第一に掲げられている物であっても、医薬品又は医薬部外品に該当するものは、毒物から除外される。
イ　法律の別表第二に掲げられている物であっても、食品添加物に該当するものは劇物から除外される。
ウ　特定毒物とは、毒物であって、法律の別表第三に掲げるものをいう。
エ　メタノールを含有する製剤は、劇物に該当する。

1（ア、イ）　2（ア、ウ）　3（イ、エ）　4（ウ、エ）

問　2　以下の物質うち、毒物に該当するものを一つ選びなさい。

1 ニコチン　2 カリウム　3 ニトロベンゼン　4 アニリン

問　3　登録又は許可に関する以下の記述のうち、誤っているものを一つ選びなさい。

1　法律第４条の規定により、毒物又は劇物の製造業の登録は、製造所ごとに厚生労働大臣が行う。
2　法律第４条の規定により、毒物又は劇物の輸入業の登録は、営業所ごとにその営業所の所在地の都道府県知事が行う。
3　法律第４条の規定により、毒物又は劇物の販売業の登録は、店舗ごとにその店舗の所在地の都道府県知事（その店舗の所在地が、地域保健法第５条第１項の政令で定める市又は特別区の区域にある場合においては、市長又は区長。）が行う。
4　法律第６条の２の規定により、特定毒物研究者の許可を受けようとする者は、その主たる研究所の所在地の都道府県知事（その主たる研究所の所在地が、地方自治法第 252 条の 19 第１項の指定都市の区域にある場合においては、指定都市の長。）に申請書を出さなければならない。

問　4　登録又は許可の変更等に関する以下の記述の正誤について、正しい組み合わせを下から一つ選びなさい。

ア　毒物劇物営業者は、毒物又は劇物を製造し、貯蔵し、又は運搬する施設の重要な部分を変更する場合は、あらかじめ、登録の変更を受けなければならない。
イ　毒物又は劇物の製造業者が、登録を受けた毒物又は劇物以外の毒物又は劇物を製造した場合は、製造を始めた日から 30 日以内に、その旨を届け出なければならない。
ウ　毒物劇物営業者が、当該製造所、営業所又は店舗における営業を廃止した場合は、50 日以内に、その旨を届け出なければならない。
エ　特定毒物研究者が、主たる研究所の所在地を変更した場合は、新たに許可を受けなければならない。

	ア	イ	ウ	エ
1	正	正	誤	誤
2	正	誤	誤	正
3	誤	誤	正	誤
4	誤	誤	誤	誤

問　5　毒物又は劇物の販売業に関する以下の記述のうち、正しいものの組み合わせを下から一つ選びなさい。

ア　一般販売業の登録を受けた者は、農業用品目又は特定品目を販売することができない。
イ　毒物又は劇物の販売業の登録は、5年ごとに、更新を受けなければ、その効力を失う。
ウ　毒物又は劇物の販売業者は、登録票を破り、汚し、又は失ったときは、登録票の再交付を申請することができる。
エ　毒物又は劇物の販売業者が、登録票の再交付を受けた後、失った登録票を発見したときは、これを返納しなければならない。

1（ア、イ）　2（ア、ウ）　3（イ、エ）　4（ウ、エ）

問　6　以下の記述は、法律第3条の3の条文である。（　　）の中に入れるべき字句の正しい組み合わせを下から一つ選びなさい。

法律第3条の3
　興奮、幻覚又は（　ア　）の作用を有する毒物又は劇物（これらを含有する物を含む。）であつて政令で定めるものは、みだりに摂取し、若しくは吸入し、又はこれらの目的で（　イ　）してはならない。

	ア	イ
1	幻聴	所持
2	幻聴	譲渡
3	麻酔	所持
4	麻酔	譲渡

問　7　以下の物質のうち、法律第3条の4の規定により、引火性、発火性又は爆発性のある毒物又は劇物であって政令で定められているものを一つ選びなさい。

1　トルエン　　2　塩素酸塩類　　3　クロルピクリン　　4　過酸化水素

問　8　毒物又は劇物の製造所等の設備に関する以下の記述のうち、<u>誤っているもの</u>を一つ選びなさい。

1　毒物又は劇物の輸入業の営業所は、コンクリート、板張り又はこれに準ずる構造とする等その外に毒物又は劇物が飛散し、漏れ、しみ出若しくは流れ出、又は地下にしみ込むおそれのない構造としなければならない。
2　毒物又は劇物に該当しない農薬は、毒物又は劇物と区分して貯蔵しなければならない。
3　毒物又は劇物の販売業の店舗で毒物又は劇物を陳列する場所には、かぎをかける設備が必要である。
4　毒物又は劇物を貯蔵する場所が性質上かぎをかけることができないものであるときは、その周囲に、堅固なさくを設けなければならない。

問　9　毒物又は劇物の譲渡手続に関する以下の記述のうち、正しいものの組み合わせを下から一つ選びなさい。

ア　毒物又は劇物の譲渡手続に係る書面には、毒物又は劇物の名称及び数量、販売又は授与の年月日並びに譲受人の氏名、職業及び住所（法人にあっては、その名称及び主たる事務所の所在地）を記載しなければならない。
イ　毒物劇物営業者が、毒物又は劇物を毒物劇物営業者以外の者に販売し、又は授与する場合、毒物又は劇物を販売又は授与した後に、譲受人から毒物又は劇物の譲渡手続に係る書面の提出を受けなければならない。
ウ　毒物劇物営業者が、毒物又は劇物を毒物劇物営業者以外の者に販売し、又は授与する場合、毒物又は劇物の譲渡手続に係る書面には、譲受人の押印が必要である。
エ　毒物劇物営業者は、毒物又は劇物の譲渡手続に係る書面を、販売又は授与の日から3年間、保存しなければならない。

1（ア、イ）　2（ア、ウ）　3（イ、エ）　4（ウ、エ）

問 10 以下の記述は、法律第12条第2項の条文である。(　　)の中に入れるべき字句の正しい組み合わせを下から一つ選びなさい。

法律第12条第2項
毒物劇物営業者は、その容器及び被包に、左に掲げる事項を表示しなければ、毒物又は劇物を販売し、又は授与してはならない。
一　毒物又は劇物の名称
二　(　ア　)
三　厚生労働省令で定める毒物又は劇物については、それぞれ厚生労働省令で定めるその(　イ　)の名称
四　毒物又は劇物の取扱及び使用上特に必要と認めて、厚生労働省令で定める事項

	ア	イ
1	毒物又は劇物の成分及びその含量	解毒剤
2	毒物又は劇物の成分及びその含量	中和剤
3	取扱及び保管上の注意	解毒剤
4	取扱及び保管上の注意	中和剤

問 11 以下の記述は、法律第8条第1項の条文である。(　　)の中に入れるべき字句の正しい組み合わせを下から一つ選びなさい。

法律第8条第1項
次の各号に掲げる者でなければ、前条の毒物劇物取扱責任者となることができない。
一　(　ア　)
二　厚生労働省令で定める学校で、(　イ　)に関する学課を修了した者
三　都道府県知事が行う毒物劇物取扱者試験に合格した者

	ア	イ
1	医師、歯科医師又は薬剤師	基礎化学
2	医師、歯科医師又は薬剤師	応用化学
3	薬剤師	基礎化学
4	薬剤師	応用化学

問 12 毒物劇物取扱責任者に関する以下の記述のうち、正しいものの組み合わせを下から一つ選びなさい。

ア 毒物又は劇物の販売業者は、毒物又は劇物を直接に取り扱わない場合であっても、店舗ごとに専任の毒物劇物取扱責任者を置かなければならない。
イ 毒物劇物営業者は、自ら毒物劇物取扱責任者として毒物又は劇物による保健衛生上の危害の防止に当たることができる。
ウ 毒物劇物営業者が、毒物又は劇物の製造業、輸入業又は販売業のうち、2つ以上を併せて営む場合において、その製造所、営業所又は店舗が互いに隣接しているとき、毒物劇物取扱責任者は、これらの施設を通じて1人で足りる。
エ 毒物劇物営業者は、毒物劇物取扱責任者を置いたときは、50日以内に、その毒物劇物取扱責任者の氏名を届け出なければならない。なお、毒物劇物取扱責任者を変更したときも、同様である。

1（ア、イ）　2（ア、エ）　3（イ、ウ）　4（ウ、エ）

問 13 以下の記述は、法律第13条に規定する特定の用途に供される毒物又は劇物の販売等に関するものである。（　　）の中に入れるべき字句の正しい組み合わせを下から一つ選びなさい。

毒物劇物営業者は、硫酸タリウムを含有する製剤たる劇物については、あせにくい（　ア　）で着色したものでなければ、これを（　イ　）として販売し、又は授与してはならない。

	ア	イ
1	黒色	農業用
2	黒色	工業用
3	赤色	農業用
4	赤色	工業用

問 14 以下の記述は、法律第11条第2項及び政令第38条第1項の条文である。（　　）の中に入れるべき字句の正しい組み合わせを下から一つ選びなさい。

法律第11条第2項

毒物劇物営業者及び特定毒物研究者は、毒物若しくは劇物又は毒物若しくは劇物を含有する物であつて政令で定めるものがその製造所、営業所若しくは店舗又は研究所の外に飛散し、漏れ、流れ出、若しくはしみ出、又はこれらの施設の地下にしみ込むことを防ぐのに必要な措置を講じなければならない。

政令第38条第1項

法第11条第2項に規定する政令で定める物は、次のとおりとする。

一　無機シアン化合物たる毒物を含有する液体状の物（シアン含有量が1リットルにつき1ミリグラム以下のものを除く。）

二　塩化水素、硝酸若しくは硫酸又は水酸化カリウム若しくは（　ア　）を含有する液体状の物（水で 10 倍に希釈した場合の水素イオン濃度が水素指数（　イ　）までのものを除く。）

	ア	イ
1	アンモニア	2.0 から 12.0
2	水酸化ナトリウム	2.0 から 12.0
3	アンモニア	3.0 から 11.0
4	水酸化ナトリウム	3.0 から 11.0

問 15 以下のうち、法律第12条第1項の規定により、毒物又は劇物の容器及び被包に表示しなければならない事項として正しいものを一つ選びなさい。

1　毒物劇物営業者は、毒物の容器及び被包に、「医薬用外」の文字及び黒地に白色をもって「毒物」の文字を表示しなければならない。
2　毒物劇物営業者は、劇物の容器及び被包に、「医薬用外」の文字及び白地に赤色をもって「劇物」の文字を表示しなければならない。
3　特定毒物研究者は、特定毒物の容器及び被包に、「医薬用外」の文字及び白地に赤色をもって「特定毒物」の文字を表示しなければならない。
4　特定毒物研究者は、特定毒物以外の劇物の容器及び被包には、「医薬用外」の文字や「劇物」の文字は表示しなくてもよい。

問 16　毒物又は劇物の交付の制限等に関する以下の記述の正誤について、正しい組み合わせを下から一つ選びなさい。

ア　毒物劇物営業者は、17歳の者に、毒物又は劇物を交付してもよい。
イ　毒物劇物営業者は、大麻の中毒者に、毒物又は劇物を交付してもよい。
ウ　毒物劇物営業者が、法律第3条の4に規定する引火性、発火性及び爆発性のある劇物を交付する場合は、その交付を受ける者の氏名及び住所を確認した後でなければ、交付してはならない。
エ　毒物劇物営業者が、法律第3条の4に規定する引火性、発火性又は爆発性のある劇物を交付した場合、帳簿を備え、交付した劇物の名称、交付の年月日、交付を受けた者の氏名及び住所を記載しなければならない。

	ア	イ	ウ	エ
1	正	正	正	誤
2	正	誤	誤	正
3	誤	正	誤	誤
4	誤	誤	正	正

問 17　以下の記述は、政令第40条に定める毒物又は劇物の廃棄の方法に関するものである。(　　)の中に入れるべき字句の正しい組み合わせを下から一つ選びなさい。

一　省略
二　ガス体又は揮発性の毒物又は劇物は、保健衛生上危害を生ずるおそれがない場所で、少量ずつ放出し、又は(　ア　)させること。
三　省略
四　前各号により難い場合には、地下(　イ　)以上で、かつ、地下水を汚染するおそれがない地中に確実に埋め、海面上に引き上げられ、若しくは浮き上がるおそれがない方法で海水中に沈め、又は保健衛生上危害を生ずるおそれがないその他の方法で処理すること。

	ア	イ
1	揮発	1メートル
2	燃焼	1メートル
3	燃焼	10メートル
4	揮発	10メートル

問 18　以下の記述のうち、車両を使用して1回につき、5,000キログラムの20%塩酸を運搬する場合における運搬方法について、正しいものの組み合わせを下から一つ選びなさい。

ア　1人の運転者による連続運転時間(1回が連続10分以上で、かつ、合計が30分以上の運転の中断をすることなく連続して運転する時間をいう。)が、3時間を超える場合は、車両1台について、運転者のほか交替して運転する者を同乗させなければならない。
イ　車両には、0.3メートル平方の板に地を黒色、文字を白色として「毒」と表示した標識を、車両の前後の見やすい箇所に掲げなければならない。
ウ　車両には、防毒マスク、ゴム手袋その他事故の際に応急の措置を講ずるために必要な保護具で、省令で定めるものを1名分備えなければならない。
エ　車両には、運搬する毒物又は劇物の名称、成分及びその含量並びに事故の際に講じなければならない応急の措置の内容を記載した書面を備えなければならない。

1（ア、イ）　2（ア、ウ）　3（イ、エ）　4（ウ、エ）

問 19　以下のうち、法律第８条第２項の規定により、都道府県知事が行う毒物劇物取扱者試験に合格した者で、あきらかに毒物劇物取扱責任者となることができないものを一つ選びなさい。

1　20歳の者
2　毒物劇物営業登録施設での実務経験が３年未満の者
3　麻薬の中毒者
4　道路交通法違反で罰金以上の刑に処せられ、その執行を終わり、１年を経過した者

問 20　政令第 40 条の６に規定する荷送人の通知義務に関する以下の記述について、(　　)に入れるべき字句を下から一つ選びなさい。

毒物又は劇物を車両を使用して、又は鉄道によって運搬する場合で、当該運搬を他に委託するときは、その荷送人は、運送人に対し、あらかじめ、当該毒物又は劇物の名称、成分及びその含量並びに数量並びに事故の際に講じなければならない応急の措置の内容を記載した書面を交付しなければならない。ただし、１回の運搬につき(　　)以下の毒物又は劇物を運搬する場合は、この限りでない。

1　千キログラム　　2　２千キログラム
3　３千キログラム　4　５千キログラム

問 21　以下のうち、政令第40条の９及び省令第13条の12の規定により、毒物劇物営業者が毒物又は劇物を販売し、又は授与する時までに、譲受人に対し提供しなければならない情報の内容について、誤っているものを一つ選びなさい。

1　情報を提供する毒物劇物営業者の氏名及び住所(法人にあっては、その名称及び主たる事務所の所在地)
2　応急措置
3　輸送上の注意
4　管轄保健所の連絡先

問 22　以下の記述は、法律第17条第２項の条文である。(　　)の中に入れるべき字句を下から一つ選びなさい。

法律第17条第２項
毒物劇物営業者及び特定毒物研究者は、その取扱いに係る毒物又は劇物が盗難にあい、又は紛失したときは、直ちに、その旨を(　　)に届け出なければならない。

1　保健所　　2　警察署　　3　厚生労働省
4　保健所、警察署又は消防機関

問 23　以下のうち、法律第22条第１項の規定により、業務上取扱者の届出を要する事業として、定められていないものを一つ選びなさい。

1　無機シアン化合物たる毒物を用いて、電気めっきを行う事業
2　シアン化ナトリウムを用いて、金属熱処理を行う事業
3　内容積が200Lの容器を大型自動車に積載して、弗(ふっ)化水素を運搬する事業
4　砒(ひ)素化合物たる毒物を用いて、しろありの防除を行う事業

問 24 法律第22条第5項の規定にする届出を要しない業務上取扱者に関する以下の記述の正誤について、正しい組み合わせを下から一つ選びなさい。

ア 法律第 11 条に規定する毒物又は劇物の盗難又は紛失の防止措置が適用される。
イ 法律第 12 条第3項に規定する毒物又は劇物を貯蔵する場所への表示が適用される。
ウ 法律第17条に規定する事故の際の措置が適用される。
エ 法律第18条に規定する立入検査等が適用される。

	ア	イ	ウ	エ
1	正	正	正	正
2	正	誤	正	誤
3	誤	正	誤	誤
4	誤	誤	誤	正

問 25 以下の記述は、法律第18条第1項の条文である。(　　)の中に入れるべき字句を下から一つ選びなさい。

法律第18条第1項
　都道府県知事は、(　ア　)ときは、毒物劇物営業者若しくは特定毒物研究者から必要な報告を徴し、又は薬事監視員のうちからあらかじめ指定する者に、これらの者の製造所、営業所、店舗、研究所その他業務上毒物若しくは劇物を取り扱う場所に立ち入り、帳簿その他の物件を(　イ　)させ、関係者に質問させ、若しくは試験のため必要な最小限度の分量に限り、毒物、劇物、第11条第2項の政令で定める物若しくはその疑いのある物を収去させることができる。

	ア	イ
1	保健衛生上必要があると認める	捜査
2	保健衛生上必要があると認める	検査
3	事故が発生し緊急性が認められる	捜査
4	事故が発生し緊急性が認められる	検査

【令和３年度実施】

〔法　規〕

（一般・農業用品目・特定品目共通）

※ 法規に関する以下の設問中、毒物及び劇物取締法を「法律」、毒物及び劇物取締法施行令を 「政令」、毒物及び劇物取締法施行規則を「省令」とそれぞれ略称する。また、「都道府県知事」とあるのは、その店舗又は事業場の所在地が地域保健法第５条第１項の政令で定める市（保健所を設置する市）又は特別区の区域にある場合においては、市長又は区長とする。

問　１　次の記述は、法律第１条の条文である。（　　）の中に入れるべき字句の正しい組み合わせを下から一つ選びなさい。

法律第１条
　この法律は、毒物及び劇物について、（　ア　）の見地から必要な（　イ　）を行うことを目的とする。

	ア	イ
1	保健衛生上	規制
2	保健衛生上	取締
3	公衆衛生上	規制
4	公衆衛生上	取締

問　２　以下の製剤のうち、劇物に該当するものとして正しいものの組み合わせを下から一つ選びなさい。

ア 過酸化水素を８％含有する製剤
イ 四アルキル鉛を１％含有する製剤
ウ 水酸化ナトリウムを10％含有する製剤
エ ホルムアルデヒドを１％含有する製剤

1（ア、イ）　2（ア、ウ）　3（イ、エ）　4（ウ、エ）

問　３　毒物又は劇物の販売業の登録に関する以下の記述の正誤について、正しい組み合わせを下から一つ選びなさい。

ア 毒物又は劇物の販売業の登録は、６年ごとに更新を受けなければ、その効力を失う。
イ 特定品目販売業の登録を受けた者は、特定毒物以外を販売してはならない。
ウ 毒物劇物販売業の登録を受けようとする者で、毒物又は劇物を販売する店舗が複数ある場合には、店舗ごとに登録を受けなければならない。
エ 農業用品目販売業の登録を受けた者は、農業上必要な毒物又は劇物であって厚生労働省令で定めるもの以外の毒物又は劇物を販売してはならない。

	ア	イ	ウ	エ
1	正	正	誤	誤
2	正	誤	正	正
3	正	誤	正	誤
4	誤	正	正	誤

問　4　毒物劇物取扱責任者に関する以下の記述のうち、正しいものの組み合わせを下から一つ選びなさい。

ア　毒物劇物営業者が毒物の製造業と販売業を営む場合、その製造所と店舗が互いに隣接しているときは、毒物劇物取扱責任者は施設を通じて１人で足りる。
イ　毒物劇物営業者は、販売業の登録を受けている店舗の毒物劇物取扱責任者を変更するときは、あらかじめその毒物劇物取扱責任者の氏名を届け出なければならない。
ウ　毒物劇物販売業者は、自らが毒物劇物取扱責任者として毒物又は劇物による保健衛生上の危害の防止に当たる店舗には、毒物劇物取扱責任者を置く必要はない。
エ　毒物劇物販売業者は、毒物又は劇物を直接取り扱わない店舗においても、毒物劇物取扱責任者を置かなければならない。

1（ア、イ）　2（ア、ウ）　3（イ、エ）　4（ウ、エ）

問　5　毒物劇物取扱責任者に関する以下の記述のうち、誤っているものを一つ選びなさい。

1　薬剤師は毒物劇物取扱責任者となることができる。
2　都道府県知事が行う毒物劇物取扱者試験に合格した者であっても、18 歳未満の者は毒物劇物取扱責任者となることができない。
3　農業用品目毒物劇物取扱者試験に合格した者は、省令で定める農業用品目の毒物又は劇物を取り扱う毒物劇物製造業の製造所で毒物劇物取扱責任者になることができる。
4　一般毒物劇物取扱者試験に合格した者は、特定品目販売業の店舗において、毒物劇物取扱責任者になることができる。

問　6　以下のうち、法律第 10 条及び省令第 10 条の２の規定により、毒物劇物営業者がその事由が生じてから 30 日以内に届け出なければならない場合として、定められていないものを一つ選びなさい。

1　毒物劇物営業者が法人であって、その主たる事務所の所在地を変更したとき
2　毒物又は劇物を貯蔵する設備の重要な部分を変更したとき
3　当該製造所、営業所又は店舗における営業を廃止したとき
4　毒物又は劇物の製造業者が、登録を受けた毒物又は劇物以外の毒物又は劇物を製造するとき

問　7　毒物又は劇物の譲渡に関する以下の記述のうち、誤っているものを一つ選びなさい。

1　毒物劇物営業者は、法律第 14 条第１項に定める事項を記載し、押印した書面の提出を受けなければ、毒物又は劇物を他の毒物劇物営業者に販売してはならない。
2　毒物劇物営業者は、譲受人の承諾を得たときは、譲受に関する書面の提出に代えて、当該書面に記載すべき事項について電子情報処理組織を使用する方法で提供を受けることができる。
3　毒物劇物営業者は、販売又は授与の日から５年間、譲受に関する書面を保管しなければならない。
4　毒物劇物営業者は、毒物を販売するときは、販売する時までに、譲受人に対し、当該毒物の性状及び取扱いに関する情報を提供しなければならない。ただし、当該毒物劇物営業者により、当該譲受人に対し、既に当該毒物の性状及び取扱いに関する情報の提供が行われている場合その他省令で定める場合は、この限りでない。

問　8　以下のうち、法律第12条第2項の規定により、毒物劇物営業者が毒物又は劇物を販売するためにその容器及び被包に表示しなければならない事項について、正しいものの組み合わせを下から一つ選びなさい。

ア　毒物又は劇物の名称　　　　イ　毒物又は劇物の成分及びその含量
ウ　毒物又は劇物の使用期限　　エ　製造所、営業所又は店舗の名称

1（ア、イ）　2（ア、ウ）　3（イ、エ）　4（ウ、エ）

問　9　以下のうち、法律第15条第2項の規定により、交付を受ける者の氏名及び住所を確認した後でなければ交付してはならないと定められている物として誤っているものを一つ選びなさい。

1　ナトリウム　　2　ピクリン酸　　3　亜塩素酸ナトリウム
4　亜硝酸ナトリウム

問　10　以下のうち、法律第13条及び政令第39条の規定により、着色したものでなければ農業用として販売、授与してはならない劇物とその着色方法の組み合わせについて、正しいものを一つ選びなさい。

	劇物	着色方法
1	硫酸カリウムを含有する製剤たる劇物	あせにくい青色で着色する
2	燐（りん）化亜鉛を含有する製剤たる劇物	あせにくい黒色で着色する
3	硝酸タリウムを含有する製剤たる劇物	あせにくい黒色で着色する
4	過酸化ナトリウムを含有する製剤たる劇物	あせにくい青色で着色する

問　11　車両を使用して20％水酸化ナトリウム水溶液を1回につき5,000 ｋｇ以上運搬する場合の運搬方法等に関する以下の記述の正誤について、正しい組み合わせを下から一つ選びなさい。

ア　車両には、運搬する毒物又は劇物の名称、成分及びその含量並びに事故の際に講じなければならない応急の措置の内容を記載した書面を備えなければならない。
イ　0.3 メートル平方の板に地を黒色、文字を白色として「劇」と表示した標識を車両の前後の見やすい箇所に掲げなければならない。
ウ　車両には、防毒マスク、ゴム手袋その他事故の際に応急の措置を講ずるために必要な保護具で省令で定めるものを2人分以上備えなければならない。
エ　1人の運転者による連続運転時間が、2時間の場合、交替して運転する者を同乗させなければならない。

	ア	イ	ウ	エ
1	正	正	誤	誤
2	正	誤	正	正
3	正	誤	正	誤
4	誤	正	正	誤

問　12　以下のうち、法律第3条の3及び政令第32条の2の規定により、興奮、幻覚又は麻酔の作用を有する毒物又は劇物（これらを含有する物を含む。）として、みだりに摂取し、若しくは吸入し、又はこれらの目的で所持してはならないと定められているものを一つ選びなさい。

1　メタノール　　2　トルエン　　3　クロロホルム　　4　ホルムアルデヒド

問 13 以下のうち、政令第40条の6及び省令第13条の7の規定により、車両を使用して、1回の運搬につき 2,000 kgの毒物の運搬を委託する際に、荷送人が、運送人に対し、あらかじめ交付しなければならない書面の内容について、正しいものの組み合わせを下から一つ選びなさい。

ア 毒物の名称、成分及びその含量並びに数量
イ 毒物の解毒剤の名称
ウ 事故の際に講じなければならない応急の措置の内容
エ 事故発生時の連絡先

1(ア、イ)　2(ア、ウ)　3(イ、エ)　4(ウ、エ)

問 14 以下の記述は、毒物又は劇物の廃棄方法に関する政令第40条の条文の一部である。
( )の中に入れるべき字句の正しい組み合わせを下から一つ選びなさい。

政令第40条
一 (ア)、加水分解、酸化、還元、(イ)その他の方法により、毒物及び劇物並びに法第 11 条第2項に規定する政令で定める物のいずれにも該当しない物とすること。
二 ガス体又は揮発性の毒物又は劇物は、保健衛生上危害を生ずるおそれがない場所で、少量ずつ放出し、又は揮発させること。
三 可燃性の毒物又は劇物は、保健衛生上危害を生ずるおそれがない場所で、少量ずつ燃焼させること。
四 前各号により難い場合には、地下(ウ)メートル以上で、かつ、地下水を汚染するおそれがない地中に確実に埋め、海面上に引き上げられ、若しくは浮き上がるおそれがない方法で海水中に沈め、又は保健衛生上危害を生ずるおそれがないその他の方法で処理すること。

	ア	イ	ウ
1	中和	稀釈	1
2	中和	濃縮	0.5
3	飽和	濃縮	1
4	飽和	稀釈	0.5

問 15 省令第4条の4で定める、毒物又は劇物の製造所及び販売業の店舗の設備の基準に関する以下の記述の正誤について、正しい組み合わせを下から一つ選びなさい。

ア 毒物劇物販売業の店舗において、毒物又は劇物の運搬用具は、毒物又は劇物が飛散し、漏れ、又はしみ出るおそれがないものでなければならない。
イ 毒物劇物販売業の店舗は、毒物又は劇物を含有する粉じん、蒸気又は廃水の処理に要する設備又は器具を備えていなければならない。
ウ 毒物又は劇物の製造所の貯蔵設備は、毒物又は劇物とその他の物とを区分して貯蔵できるものでなければならない。
エ 毒物又は劇物の製造所において、毒物又は劇物を貯蔵する場所が性質上かぎをかけることができないものであるときは、その周囲に、堅固なさくが設けられていなければならない。

	ア	イ	ウ	エ
1	正	正	誤	誤
2	正	誤	正	正
3	正	誤	正	誤
4	誤	正	正	誤

問　16　以下の記述は、法律第 21 条第 1 項に関するものである。(　　)の中に入れるべき字句の正しい組み合わせを下から一つ選びなさい。

毒物劇物営業者、特定毒物研究者又は特定毒物使用者は、その営業の登録若しくは特定毒物研究者の許可が効力を失い、又は特定毒物使用者でなくなったときは、(　ア　)日以内に、それぞれ現に所有する(　イ　)の(　ウ　)を届け出なければならない。

	ア	イ	ウ
1	15	すべての毒物及び劇物	品名
2	15	特定毒物	品名及び数量
3	30	すべての毒物及び劇物	品名及び数量
4	30	特定毒物	品名

問　17　特定毒物に関する以下の記述のうち、正しいものの組み合わせを下から一つ選びなさい。

ア 特定毒物研究者は、学術研究のためであっても、特定毒物を製造してはならない。
イ 特定毒物研究者は、特定毒物使用者に対し、その者が使用することができる特定毒物を譲り渡すことができる。
ウ 特定毒物使用者は、特定毒物を輸入することができる。
エ 特定毒物研究者は、特定毒物を輸入することができる。

1 (ア、イ)　　2 (ア、ウ)　　3 (イ、エ)　　4 (ウ、エ)

問　18　以下のうち、法律第 3 条の 2 第 3 項及び政令第 1 条に定める、四アルキル鉛を含有する製剤を使用することができる者として、正しいものを一つ選びなさい。

1 営業のために倉庫を有する者
2 日本たばこ産業株式会社
3 農業協同組合及び農業者の組織する団体
4 石油精製業者

問　19　以下の記述は、法律第 17 条第 2 項の条文である。(　　)の中に入れるべき字句を下から一つ選びなさい。

法律第 17 条第 2 項
毒物劇物営業者及び特定毒物研究者は、その取扱いに係る毒物又は劇物が盗難にあい、又は紛失したときは、直ちに、その旨を(　　)に届け出なければならない。

1 保健所　　2 警察署　　3 消防機関　　4 労働基準監督署

問　20　法律第 22 条に規定される業務上取扱者の届出等に関する以下の記述のうち、正しいものの組み合わせを下から一つ選びなさい。

ア 無機シアン化合物たる毒物を用いて電気めっきを行う事業者は、事業場ごとに、その事業場の所在地の都道府県知事に、あらかじめ登録を受けなければならない。
イ 砒(ひ)素化合物たる毒物を用いてしろありの防除を行う事業者は、その事業場の名称を変更したときは、その旨を当該事業場の所在地の都道府県知事に届け出なければならない。
ウ 最大積載量が 1,000 キログラムの自動車に固定された容器を用い、毒物を運送する事業者は、取り扱う毒物の品目を変更したときは、その旨を当該事業場の所在地の都道府県知事に届け出なければならない。
エ 無機シアン化合物たる毒物を用いて金属熱処理を行う事業者は、当該事業場に専任の毒物劇物取扱責任者を置かなければならない。

1 (ア、イ)　　2 (ア、ウ)　　3 (イ、エ)　　4 (ウ、エ)

問 21 以下の記述は、法律第12条第1項の条文である。(　)の中に入れるべき字句の正しい組み合わせを下から一つ選びなさい。

法律第12条第1項
　毒物劇物(　ア　)及び特定毒物研究者は、毒物又は劇物の容器及び被包に、「医薬用外」の文字及び毒物については(　イ　)をもつて「毒物」の文字、劇物については(　ウ　)をもつて「劇物」の文字を表示しなければならない。

	ア	イ	ウ
1	製造業者	白地に赤色	赤地に白色
2	営業者	白地に赤色	赤地に白色
3	製造業者	赤地に白色	白地に赤色
4	営業者	赤地に白色	白地に赤色

問 22 以下の記述は、法律第3条の4の条文である。(　)の中に入れるべき字句の正しい組み合わせを下から一つ選びなさい。

法律第3条の4
　引火性、(　ア　)又は(　イ　)のある毒物又は劇物であつて政令で定めるものは、業務その他正当な理由による場合を除いては、(　ウ　)してはならない。

	ア	イ	ウ
1	発火性	爆発性	所持
2	揮発性	残留性	販売
3	発火性	爆発性	販売
4	揮発性	残留性	所持

問 23 法律第18条に規定する立入検査等に関する以下の記述のうち、誤っているものを一つ選びなさい。

1 厚生労働大臣は、犯罪捜査上必要があると認めるときは、毒物又は劇物の製造業者から必要な報告を徴することができる。
2 都道府県知事は、保健衛生上必要があると認めるときは、毒物劇物監視員に、特定毒物研究者の研究所に立ち入り、帳簿その他の物件を検査させることができる。
3 都道府県知事は、保健衛生上必要があると認めるときは、毒物劇物監視員に、毒物又は劇物の販売業者の店舗に立ち入り、試験のため必要な最小限度の分量に限り、法律第11条第2項の政令で定める物を収去させることができる。
4 毒物劇物監視員は、その身分を示す証票を携帯し、関係者の請求があるときは、これを提示しなければならない。

問 24 法律第13条の2及び政令第39条の2により、毒物又は劇物のうち主として一般消費者の生活の用に供されると認められるものであって、その成分の含量又は容器若しくは被包について政令で定める基準に適合するものでなければ、毒物劇物営業者が販売してはならないと定められているものの組み合わせを下から一つ選びなさい。

ア 硫酸を含有する製剤たる劇物(住宅用の洗浄剤で液体状のものに限る。)
イ 燐(りん)化アルミニウムとその分解促進剤とを含有する製剤(倉庫用の燻(くん)蒸剤に限る。)
ウ ジメチル－2・2－ジクロルビニルホスフエイト(別名 DDVP)を含有する製剤(衣料用の防虫剤に限る。)
エ 水酸化ナトリウムを含有する製剤たる劇物(住宅用の洗浄剤で液体状のものに限る。)

1(ア、イ)　2(ア、ウ)　3(イ、エ)　4(ウ、エ)

問 25 以下のうち、法律第 12 条及び省令第 11 条の 5 の規定により、その容器及び被包に、省令に定める解毒剤の名称を表示しなければ、販売してはならないとされているものを一つ選びなさい。

1 有機シアン化合物　　2 有機燐(りん)化合物　　3 鉛化合物　　4 砒(ひ)素

【令和４年度実施】

〔法　規〕
（一般・農業用品目・特定品目共通）

※ 法規に関する以下の設問中、毒物及び劇物取締法を「法律」、毒物及び劇物取締法施行令を 「政令」、毒物及び劇物取締法施行規則を「省令」とそれぞれ略称する。

問　1　以下の記述は、法律第１条の条文である。（　　）の中に入れるべき字句の正しい組み合わせを下から一つ選びなさい。

法律第１条
　この法律は、毒物及び劇物について、（　ア　）から（　イ　）を行うことを目的とする。

	ア	イ
1	公衆衛生上の見地	必要な規制
2	公衆衛生上の見地	必要な取締
3	保健衛生上の見地	必要な規制
4	保健衛生上の見地	必要な取締

問　2　毒物及び劇物に関する以下の記述のうち、正しいものの組み合わせを下から一つ選びなさい。

ア 食品添加物に該当するものは、法律別表第一に掲げられている物であっても、毒物から除外される。
イ 医薬部外品に該当するものは、法律別表第二に掲げられている物であっても、劇物から除外される。
ウ 特定毒物とは、毒物であって、法律別表第三に掲げるものをいう。
エ クロロホルムを含有する製剤は、劇物に該当する。

1（ア、イ）　2（ア、エ）　3（イ、ウ）　4（ウ、エ）

問　3　以下の製剤のうち、劇物に該当するものを一つ選びなさい。

1 アンモニアを 10 ％含有する製剤
2 塩化水素を 10 ％含有する製剤
3 水酸化ナトリウムを 10 ％含有する製剤
4 硫酸を 10 ％含有する製剤

問　4　政令第22条及び第23条の規定により、モノフルオール酢酸アミドを含有する製剤の用途及び着色の基準として、正しいものの組み合わせを一つ選びなさい。

	用途	着色の基準
1	野ねずみの駆除	深紅色に着色されていること
2	野ねずみの駆除	青色に着色されていること
3	かんきつ類、りんご、なし、桃又はかきの害虫の防除	深紅色に着色されていること
4	かんきつ類、りんご、なし、桃又はかきの害虫の防除	青色に着色されていること

問　5　以下の記述は、法律第3条の3の条文である。(　　)の中に入れるべき字句の正しい組み合わせを下から一つ選びなさい。

法律第3条の3
　興奮、幻覚又は麻酔の作用を有する毒物又は劇物(これらを含有する物を含む。)であつて政令で定めるものは、みだりに(　ア　)し、若しくは(　イ　)し、又はこれらの目的で所持してはならない。

	ア	イ
1	販売	授与
2	使用	譲渡
3	摂取	吸入
4	製造	輸出

問　6　以下の物質のうち、法律第3条の3の規定により、興奮、幻覚又は麻酔の作用を有する毒物又は劇物であって政令で定められているものを一つ選びなさい。

1　キシレン　　2　四塩化炭素　　3　トルエン　　4　メチルエチルケトン

問　7　以下の物質のうち、法律第3条の4の規定により、引火性、発火性又は爆発性のある毒物又は劇物であって政令で定められているものを一つ選びなさい。

1　塩素　　2　硅弗化(けいふっ)ナトリウム　　3　メタノール　　4　ピクリン酸

問　8　毒物又は劇物の営業の登録に関する以下の記述のうち、誤っているものを一つ選びなさい。

1　毒物又は劇物の製造業の登録は、製造所ごとにその製造所の所在地の都道府県知事が行う。
2　毒物又は劇物の輸入業の登録は、営業所ごとに厚生労働大臣が行う。
3　毒物又は劇物の販売業の登録は、店舗ごとにその店舗の所在地の都道府県知事(その店舗の所在地が、地域保健法第5条第1項の政令で定める市又は特別区の区域にある場合においては、市長又は区長)が行う。
4　毒物又は劇物の販売業の登録は、6年ごとに、更新を受けなければ、その効力を失う。

問　9　毒物又は劇物の製造所等の設備に関する以下の記述のうち、誤っているものを一つ選びなさい。

1　毒物又は劇物の製造所は、毒物又は劇物を含有する粉じん、蒸気又は廃水の処理に要する設備又は器具を備えていなければならない。
2　毒物又は劇物の製造所において、毒物又は劇物を貯蔵する場所が性質上かぎをかけることができないものであるときは、その周囲に、堅固なさくを設けなければならない。
3　毒物又は劇物の輸入業の営業所は、コンクリート、板張り又はこれに準ずる構造とする等その外に毒物又は劇物が飛散し、漏れ、しみ出若しくは流れ出、又は地下にしみ込むおそれのない構造としなければならない。
4　毒物又は劇物の販売業の店舗で毒物又は劇物を陳列する場所には、かぎをかける設備が必要である。

問　10　毒物又は劇物の販売業に関する以下の記述のうち、正しいものの組み合わせを下から一つ選びなさい。

ア　一般販売業の登録を受けた者は、特定品目を販売することができない。
イ　販売可能として登録を受けた毒物又は劇物以外の毒物又は劇物を販売しようとするときは、あらかじめ、登録の変更を受けなければならない。
ウ　登録票の記載事項に変更を生じたときは、登録票の書換え交付を申請することができる。
エ　登録票を破り、汚し、又は失ったときは、登録票の再交付を申請することができる。

1（ア、イ）　2（ア、ウ）　3（イ、エ）　4（ウ、エ）

問　11　以下の記述は、法律第８条第１項の条文である。（　）の中に入れるべき字句の正しい組み合わせを下から一つ選びなさい。

法律第８条第１項
次の各号に掲げる者でなければ、前条の毒物劇物取扱責任者となることができない。
一（　ア　）
二　厚生労働省令で定める学校で、（　イ　）に関する学課を修了した者
三　都道府県知事が行う毒物劇物取扱者試験に合格した者

	ア	イ
1	医師	毒性学
2	医師	応用化学
3	薬剤師	毒性学
4	薬剤師	応用化学

問　12　毒物劇物取扱責任者に関する以下の記述のうち、正しいものの組み合わせを下から一つ選びなさい。

ア　毒物又は劇物の販売業者は、毒物又は劇物を直接に取り扱わない場合であっても、店舗ごとに専任の毒物劇物取扱責任者を置かなければならない。
イ　毒物劇物営業者が、毒物又は劇物の製造業、輸入業又は販売業のうち、２以上を併せて営む場合において、その製造所、営業所又は店舗が互いに隣接しているとき、毒物劇物取扱責任者は、これらの施設を通じて１人で足りる。
ウ　毒物劇物営業者は、毒物劇物取扱責任者を置いたときは、60 日以内に、その毒物劇物取扱責任者の氏名を届け出なければならない。
エ　18 歳未満の者は、毒物劇物取扱責任者となることはできない。

1（ア、ウ）　2（ア、エ）　3（イ、ウ）　4（イ、エ）

問　13　登録又は許可の変更等に関する以下の記述の正誤について、正しい組み合わせを下から一つ選びなさい。

ア 毒物劇物営業者は、毒物又は劇物を貯蔵する施設の重要な部分を変更しようとするときは、あらかじめ、登録の変更を受けなければならない。
イ 毒物劇物営業者は、製造所、営業所又は店舗の名称を変更しようとするときは、あらかじめ、登録の変更を受けなければならない。
ウ 毒物劇物営業者が、当該製造所、営業所又は店舗における営業を廃止したとき 60 日以内に、その旨を届け出なければならない。
エ 特定毒物研究者が、主たる研究所の所在地を変更しようとするときは、あらかじめ、許可を受けなければならない。

	ア	イ	ウ	エ
1	正	誤	正	誤
2	誤	正	正	正
3	誤	誤	誤	正
4	誤	誤	誤	誤

問　14　以下の記述は、法律第 11 条第 4 項の条文である。(　　)の中に入れるべき字句の正しい組み合わせを下から一つ選びなさい。

法律第 11 条第 4 項
　毒物劇物営業者及び(ア)は、毒物又は厚生労働省令で定める劇物については、その容器として、(イ)として通常使用される物を使用してはならない。

	ア	イ
1	特定毒物研究者	繰り返し使用できる容器
2	特定毒物研究者	飲食物の容器
3	特定毒物使用者	繰り返し使用できる容器
4	特定毒物使用者	飲食物の容器

問　15　毒物又は劇物の表示に関する以下の記述のうち、正しいものを一つ選びなさい。

1 毒物劇物営業者及び特定毒物研究者は、毒物の容器及び被包に、「医薬用外」の文字及び黒地に白色をもって「毒物」の文字を表示しなければならない。
2 毒物劇物営業者及び特定毒物研究者は、劇物の容器及び被包に、「医薬用外」の文字及び赤地に白色をもって「劇物」の文字を表示しなければならない。
3 毒物劇物営業者及び特定毒物研究者は、特定毒物の容器及び被包に、「医薬用外」の文字及び赤地に白色をもって「特定毒物」の文字を表示しなければならない。
4 毒物劇物営業者及び特定毒物研究者は、毒物又は劇物を貯蔵する場所に、「医薬用外」の文字及び毒物については「毒物」、劇物については「劇物」の文字を表示しなければならない。

問　16　以下の記述は、法律第 12 条第 2 項の条文である。(　　)の中に入れるべき字句の正しい組み合わせを下から一つ選びなさい。

法律第 12 条第 2 項
　毒物劇物営業者は、その容器及び被包に、左に掲げる事項を表示しなければ、毒物又は劇物を販売し、又は授与してはならない。
一 毒物又は劇物の名称
二 (ア)
三 厚生労働省令で定める毒物又は劇物については、それぞれ厚生労働省令で定めるその(イ)の名称
四 毒物又は劇物の取扱及び使用上特に必要と認めて、厚生労働省令で定める事項

	ア	イ
1	製造業者又は輸入業者の氏名及び住所	中和剤
2	製造業者又は輸入業者の氏名及び住所	解毒剤
3	毒物又は劇物の成分及びその含量	中和剤
4	毒物又は劇物の成分及びその含量	解毒剤

問 17　以下の記述は、法律第13条に規定する特定の用途に供される毒物又は劇物の販売等に関するものである。（　　）の中に入れるべき字句の正しい組み合わせを下から一つ選びなさい。

毒物劇物営業者は、燐（りん）化亜鉛を含有する製剤たる劇物については、あせにくい（　ア　）で着色したものでなければ、これを（　イ　）として販売し、又は授与してはならない。

	ア	イ
1	赤色	農業用
2	赤色	工業用
3	黒色	農業用
4	黒色	工業用

問 18　毒物又は劇物の譲渡手続に関する以下の記述のうち、正しいものの組み合わせを下から一つ選びなさい。

ア 毒物又は劇物の譲渡手続に係る書面には、毒物又は劇物の名称及び数量、販売又は授与の年月日、譲受人の氏名、職業及び住所(法人にあっては、その名称及び主たる事務所の所在地)を記載しなければならない。
イ 毒物劇物営業者は、譲受人から毒物又は劇物の譲渡手続に係る書面の提出を受けなければ、毒物又は劇物を毒物劇物営業者以外の者に販売し、又は授与してはならない。
ウ 毒物劇物営業者が、毒物又は劇物を毒物劇物営業者以外の者に販売し、又は授与する場合、毒物又は劇物の譲渡手続に係る書面には、譲受人の押印は不要である。
エ 毒物劇物営業者は、毒物又は劇物の譲渡手続に係る書面を、販売又は授与の日から3年間、保存しなければならない。

1（ア、イ）　2（ア、エ）　3（イ、ウ）　4（ウ、エ）

問 19　毒物又は劇物の交付の制限等に関する以下の記述の正誤について、正しい組み合わせを下から一つ選びなさい。

ア 毒物劇物営業者は、毒物及び劇物を17歳の者に交付することができる。
イ 毒物劇物営業者は、毒物及び劇物をあへんの中毒者に交付することができる。
ウ 毒物劇物営業者は、ナトリウムを交付する場合、その交付を受ける者の氏名及び住所を確認した後でなければ、交付してはならない。
エ 毒物劇物営業者は、ナトリウムを交付した場合、帳簿に交付した劇物の名称、交付の年月日、交付を受けた者の氏名及び住所を記載しなければならない。

	ア	イ	ウ	エ
1	正	正	正	誤
2	正	誤	誤	正
3	誤	誤	正	正
4	誤	誤	誤	誤

問 20　以下の記述のうち、車両を使用して1回につき、5,000 ｋｇの発煙硫酸を運搬する場合における運搬方法について、正しいものの組み合わせを下から一つ選びなさい。

ア 1人の運転者による連続運転時間（1回が連続10分以上で、かつ、合計が30分以上の運転の中断をすることなく連続して運転する時間をいう。）が、4時間を超える場合は、車両1台について、運転者のほか交替して運転する者を同乗させなければならない。
イ 1人の運転者による運転時間が、1日当たり8時間の場合は、車両1台について、運転者のほか交替して運転する者を同乗させなければならない。
ウ 車両には、0.3 メートル平方の板に地を黒色、文字を白色として「毒」と表示した標識を、車両の側面の見やすい箇所に掲げなければならない。
エ 車両には、運搬する毒物又は劇物の名称、成分及びその含量並びに事故の際に講じなければならない応急の措置の内容を記載した書面を備えなければならない。

1（ア、イ）　2（ア、エ）　3（イ、ウ）　4（ウ、エ）

問　21 政令第40条の6に規定する荷送人の通知義務に関する以下の記述について、(　)に入れるべき字句を下から一つ選びなさい。

毒物又は劇物を車両を使用して、又は鉄道によって運搬する場合で、当該運搬を他に委託するときは、その荷送人は、運送人に対し、あらかじめ、当該毒物又は劇物の名称、成分及びその含量並びに数量並びに事故の際に講じなければならない応急の措置の内容を記載した書面を交付しなければならない。ただし、1回の運搬につき(　)以下の毒物又は劇物を運搬する場合は、この限りでない。

1　千キログラム　　2　2千キログラム　　3　3千キログラム
4　5千キログラム

問　22 以下の記述は、法律第17条第2項の条文である。(　)の中に入れるべき字句を下から一つ選びなさい。

法律第17条第2項
毒物劇物営業者及び特定毒物研究者は、その取扱いに係る毒物又は劇物が盗難にあい、又は紛失したときは、直ちに、その旨を(　)に届け出なければならない。

1　市町村　　2　保健所　　3　警察署　　4　消防機関

問　23 以下の記述は、法律第18条第1項の条文である。(　)の中に入れるべき字句の正しい組み合わせを下から一つ選びなさい。

法律第18条第1項
都道府県知事は、保健衛生上必要があると認めるときは、毒物劇物営業者若しくは特定毒物研究者から必要な報告を徴し、又は薬事監視員のうちからあらかじめ指定する者に、これらの者の製造所、営業所、店舗、研究所その他業務上毒物若しくは劇物を取り扱う場所に立ち入り、帳簿その他の物件を(　ア　)させ、関係者に質問させ、若しくは試験のため必要な最小限度の分量に限り、毒物、劇物、第11条第2項の政令で定める物若しくはその疑いのある物を(　イ　)させることができる。

	ア	イ
1	検査	収去
2	検査	押収
3	捜査	収去
4	捜査	押収

問　24 以下のうち、法律第22条第1項の規定により、業務上取扱者の届出を要する事業として、<u>定められていないもの</u>を一つ選びなさい。

1　無機シアン化合物たる毒物を用いて、電気めっきを行う事業
2　シアン化ナトリウムを用いて、金属熱処理を行う事業
3　内容積が 1,000 Lの容器を大型自動車に積載して、ふっ化アンモニウムを運搬する事業
4　砒(ひ)素化合物たる毒物を用いて、しろありの防除を行う事業

問　25 法律第22条第5項に規定する届出を要しない業務上取扱者に関する以下の記述の正誤について、正しい組み合わせを下から一つ選びなさい。

ア　法律第11条第1項に規定する毒物又は劇物の盗難又は紛失の防止措置が適用される。
イ　法律第12条第3項に規定する毒物又は劇物を貯蔵する場所への表示が適用される。
ウ　法律第17条に規定する事故の際の措置が適用される。
エ　法律第18条に規定する立入検査等が適用される。

	ア	イ	ウ	エ
1	正	正	正	正
2	正	誤	正	誤
3	誤	正	誤	誤
4	誤	誤	誤	正

【令和５年度実施】

〔法　規〕

(一般・農業用品目・特定品目共通)

※ 法規に関する以下の設問中、毒物及び劇物取締法を「法律」、毒物及び劇物取締法施行令を 「政令」、毒物及び劇物取締法施行規則を「省令」とそれぞれ略称する。

問　1　法律第１条及び第２条の条文に関する以下の記述の正誤について、正しい組み合わせを下から一つ選びなさい。

ア この法律は、毒物及び劇物について、保健衛生上の見地から必要な取締を行うことを目的とする。
イ この法律で「毒物」とは、別表第一に掲げる物であって、毒薬以外のものをいう。
ウ この法律で「劇物」とは、別表第二に掲げる物であって、毒物以外のものをいう。
エ この法律で「特定毒物」とは、毒物であって、別表第三に掲げるものをいう。

	ア	イ	ウ	エ
1	正	正	誤	正
2	正	誤	誤	正
3	正	誤	誤	誤
4	誤	誤	正	正

問　2　以下の製剤のうち、劇物に該当するものとして正しいものの組み合わせを下から一つ選びなさい。

ア クロルピクリンを含有する製剤　　　イ ニコチンを含有する製剤
ウ アニリン塩類　　　　　　　　　　　エ 亜硝酸ブチル及びこれを含有する製剤

1 (ア、イ)　　2 (ア、ウ)　　3 (イ、エ)　　4 (ウ、エ)

問　3　以下の製剤のうち、特定毒物に該当しないものを一つ選びなさい。

1 四アルキル鉛を含有する製剤
2 モノフルオール酢酸塩類及びこれを含有する製剤
3 エチレンクロルヒドリンを含有する製剤
4 ジエチルパラニトロフェニルチオホスフェイトを含有する製剤

問　4　以下の記述は、法律第３条第３項の条文の一部である。(　　)の中に入れるべき字句の正しい組み合わせを下から一つ選びなさい。
なお、同じ記号の(　　)内には同じ字句が入ります。

法律第３条第３項
毒物又は劇物の販売業の登録を受けた者でなければ、毒物又は劇物を販売し、(　ア　)し、又は販売若しくは(　ア　)の目的で(　イ　)し、運搬し、若しくは(　ウ　)してはならない。

	ア	イ	ウ
1	授与	所持	提供
2	授与	貯蔵	陳列
3	使用	貯蔵	提供
4	使用	所持	陳列

問　5　以下のうち、毒物又は劇物の製造業者が製造した塩化水素又は硫酸を含有する製剤たる劇物(住宅用の洗浄剤で液体状のものに限る。)を販売し、又は授与するとき、その容器及び被包に必要な表示事項として、<u>法律及び省令で定められていないもの</u>を一つ選びなさい。

1 使用の際、手足や皮膚、特に眼にかからないように注意しなければならない旨
2 皮膚に触れた場合は、直ちに石けんを使用しよく洗う旨
3 眼に入った場合は、直ちに流水でよく洗い、医師の診断を受けるべき旨
4 小児の手の届かないところに保管しなければならない旨

問　6　毒物劇物営業者の毒物又は劇物の取扱いに関する以下の記述のうち、誤っているものを一つ選びなさい。

1 毒物又は劇物が盗難にあい、又は紛失することを防ぐのに必要な措置を講じなければならない。
2 劇物の容器として、飲食物の容器として通常使用される物を使用する際は、その営業所又は店舗の所在地の都道府県知事に申請書を出さなければならない。
3 毒物又は劇物が、製造所、営業所又は店舗の外に飛散し、漏れ、流れ出、若しくはしみ出、又はこれらの施設の地下にしみ込むことを防ぐのに必要な措置を講じなければならない。
4 製造所、営業所又は店舗の外において毒物又は劇物を運搬する場合には、これらの物が飛散し、漏れ、流れ出、又はしみ出ることを防ぐのに必要な措置を講じなければならない。

問　7　登録又は許可に関する以下の記述の正誤について、正しい組み合わせを下から一つ選びなさい。

ア 毒物又は劇物の製造業の登録を受けた者が、その製造した毒物又は劇物を、他の毒物又は劇物の販売業者に販売する場合は、毒物又は劇物の販売業の登録は必要ない。
イ 毒物又は劇物の製造業の登録を受けた者でなければ、毒物又は劇物を販売又は授与の目的で製造してはならない。
ウ 毒物又は劇物の輸入業の登録を受けた者でなければ、毒物又は劇物を販売又は授与の目的で輸入してはならない。
エ 特定毒物研究者の許可を受けようとする者は、その主たる研究所の所在地の都道府県知事に申請書を出さなければならない。

	ア	イ	ウ	エ
1	正	正	正	正
2	正	正	誤	誤
3	誤	正	正	正
4	誤	誤	正	誤

問　8　毒物劇物取扱責任者に関する以下の記述のうち、正しいものの組み合わせを下から一つ選びなさい。

ア 18歳の者は、毒物劇物取扱責任者になることはできない。
イ 毒物劇物営業者は、自らが毒物劇物取扱責任者となることはできない。
ウ 毒物劇物営業者が、毒物劇物取扱責任者を変更したときは、30日以内にその毒物劇物取扱責任者の氏名を届け出なければならない。
エ 毒物劇物製造業と毒物劇物販売業を互いに隣接する施設で営む場合、毒物劇物取扱責任者はこれらの施設を通じて1人で足りる。

1(ア、イ)　2(ア、ウ)　3(イ、エ)　4(ウ、エ)

問 9 毒物又は劇物の製造業者が変更の届出をしなければならない事項に関する以下の記述の正誤について、正しい組み合わせを下から一つ選びなさい。

ア 登録を受けた毒物以外の毒物を新たに製造しようとするとき。
イ 登録を受けた劇物のうち、一部の品目の製造を廃止したとき。
ウ 毒物又は劇物を製造する設備の重要な部分を変更したとき。
エ 製造所を、登録を受けた住所とは異なる場所に移転したとき。

	ア	イ	ウ	エ
1	正	正	正	正
2	正	正	誤	誤
3	誤	正	正	誤
4	誤	誤	正	誤

問 10 以下の記述は、法律第12条第1項の条文である。(　)の中に入れるべき字句の正しい組み合わせを下から一つ選びなさい。

法律第12条第1項
毒物劇物営業者及び特定毒物研究者は、毒物又は劇物の容器及び被包に、「医薬用外」の文字及び毒物については(　ア　)をもつて「(　イ　)」の文字、劇物については(　ウ　)をもつて「(　エ　)」の文字を表示しなければならない。

	ア	イ	ウ	エ
1	白地に赤色	毒物	赤地に白色	劇物
2	白地に赤色	毒	赤地に白色	劇
3	赤地に白色	毒物	白地に赤色	劇物
4	赤地に白色	毒	白地に赤色	劇

問 11 以下のうち、法律第14条の規定により、毒物又は劇物の販売業者が、毒物劇物営業者以外の者に毒物又は劇物を販売するときに、譲受人から提出を受けなければならない書面の記載事項として、正しいものの組み合わせを下から一つ選びなさい。

ア 販売する毒物又は劇物が製造された製造所の名称及び所在地
イ 譲受人の年齢
ウ 譲受人の職業
エ 毒物又は劇物の名称及び数量

1(ア、イ)　2(ア、ウ)　3(イ、エ)　4(ウ、エ)

問 12 以下の事業者のうち、法律の規定により、登録を受けなければならない事業者として、誤っているものを一つ選び、その番号を解答欄に記入しなさい。

1 工場で劇物を使用するために、その劇物を輸入する事業者
2 劇物を小分けして販売する事業者
3 劇物であるサンプル品のみを販売する事業者
4 劇物である農薬を直接取り扱わないが、注文を受けて販売する事業者

問 13 以下のうち、法律第12条第2項の規定により、毒物劇物営業者が毒物又は劇物を販売する場合に、その容器及び被包に表示しなければならない事項として、法律で定められていないものを一つ選び、その番号を解答欄に記入しなさい。

1 毒物又は劇物の名称　2 毒物又は劇物の製造番号
3 毒物又は劇物の成分　4 毒物又は劇物の成分の含量

問 14　毒物劇物営業者の交付の制限等に関する以下の記述の正誤について、正しい組み合わせを下から一つ選びなさい。

ア 毒物劇物営業者は、18歳の者に、毒物又は劇物を交付してもよい。
イ 毒物劇物営業者は、大麻中毒者に、毒物又は劇物を交付してはならない。
ウ 毒物劇物営業者は、あへん中毒者に、毒物又は劇物を交付してもよい。
エ 毒物劇物営業者が、法律第３条の４に規定する引火性、発火性又は爆発性のある劇物を交付する場合は、その交付を受ける者の氏名及び住所を確認した後でなければ、交付してはならない。

	ア	イ	ウ	エ
1	正	正	正	正
2	正	正	誤	正
3	正	誤	誤	正
4	誤	正	誤	誤

問 15　以下のうち、省令第12条の３の規定により、毒物劇物営業者が、法律第３条の４に規定する政令で定める劇物を常時取引関係にない者に交付する場合、交付を受ける者の確認に関する帳簿に記載しなければならない事項について、誤っているものを一つ選びなさい。

1 交付した劇物の名称　　2 交付した劇物の数量　　3 交付の年月日
4 交付を受けた者の氏名

問 16　以下の記述は、政令第40条の条文の一部である。(　　)の中に入れるべき字句の正しい組み合わせを下から一つ選びなさい。

政令第40条
　法第十五条の二の規定により、毒物若しくは劇物又は法第十一条第二項に規定する政令で定める物の廃棄の方法に関する技術上の基準を次のように定める。
一 中和、(　ア　)、酸化、還元、(　イ　)その他の方法により、毒物及び劇物並びに法第十一条第二項に規定する政令で定める物のいずれにも該当しない物とすること。
二 ガス体又は揮発性の毒物又は劇物は、保健衛生上危害を生ずるおそれがない場所で、少量ずつ放出し、又は揮発させること。
三 (　ウ　)性の毒物又は劇物は、保健衛生上危害を生ずるおそれがない場所で、少量ずつ燃焼させること。

	ア	イ	ウ
1	加水分解	稀釈	可燃
2	電気分解	稀釈	引火
3	電気分解	煮沸	可燃
4	加水分解	煮沸	引火

問 17　毒物劇物監視員に関する以下の記述の正誤について、正しい組み合わせを下から一つ選びなさい。

ア 毒物劇物監視員は、薬事監視員のうちから指定される。
イ 毒物劇物監視員でなくても保健所職員であれば、毒物劇物営業者の営業所への立入検査を行うことができる。
ウ 毒物劇物監視員は、法律違反を発見し、都道府県知事が保健衛生上必要があると認めるときは、犯罪捜査を行うことができる。
エ 毒物劇物監視員は、都道府県知事が保健衛生上必要があると認めるときは、特定毒物研究者の研究所への立入検査を行うことができる。

	ア	イ	ウ	エ
1	正	正	誤	正
2	正	誤	正	誤
3	正	誤	誤	正
4	誤	正	誤	誤

問　18　以下のうち、法律第３条の４及び政令第32条の３の規定により、引火性、発火性又は爆発性のある劇物であると定められているものとして、正しいものの組み合わせを下から一つ選びなさい。

ア　カリウム　　イ　ナトリウム　　ウ　トルエン
エ　亜塩素酸ナトリウム30％以上を含有する製剤

1（ア、イ）　2（ア、ウ）　3（イ、エ）　4（ウ、エ）

問　19　１回の運搬につき1,000kgを超える毒物又は劇物を車両を使用して運搬する場合で、荷送人が当該運搬を他に委託するときに、運送人に対し、交付しなければならない書面に記載が義務付けられているものに関する以下の記述の正誤について、正しい組み合わせを下から一つ選びなさい。

ア　毒物又は劇物の名称
イ　毒物又は劇物の数量
ウ　毒物又は劇物の成分及びその含量
エ　事故の際に講じなければならない応急の措置の内容

	ア	イ	ウ	エ
1	正	正	正	正
2	正	正	誤	正
3	正	誤	正	誤
4	誤	誤	誤	正

問　20　以下の事業者のうち、法律第22条の規定により、業務上取扱者の届出を要するものとして、正しいものの組み合わせを下から一つ選びなさい。

ア　電気めっきを行う事業者であって、その業務上、アジ化ナトリウムを取り扱うもの
イ　金属熱処理を行う事業者であって、その業務上、ジメチル硫酸を取り扱うもの
ウ　しろあり防除を行う事業者であって、その業務上、三酸化二砒ひ素を取り扱うもの
エ　最大積載量が5,000kgの自動車に固定された容器を用いて運送を行う事業者であって、その業務上、ホルムアルデヒドを取り扱うもの

1（ア、イ）　2（ア、エ）　3（イ、ウ）　4（ウ、エ）

問　21　以下のうち、法律第３条の２第９項及び関連する基準を定めた政令の規定により、特定毒物の着色の基準が「紅色」と定められているものとして、正しいものを一つ選びなさい。

1　ジメチルエチルメルカプトエチルチオホスフェイトを含有する製剤
2　モノフルオール酢酸アミドを含有する製剤
3　モノフルオール酢酸の塩類を含有する製剤
4　四アルキル鉛を含有する製剤

問　22　以下の毒物劇物営業者の登録について、何年ごとに更新を受けなければ、その効力を失うか、正しい組み合わせを下から一つ選びなさい。

ア　毒物又は劇物の製造業者　　イ　毒物又は劇物の販売業者
ウ　毒物又は劇物の輸入業者

	ア	イ	ウ
1	5年	6年	5年
2	5年	5年	6年
3	6年	5年	5年
4	6年	6年	6年

問 23 法律第３条第２項に規定されている特定毒物を輸入できる者に関する以下の記述の正誤について、正しい組み合わせを下から一つ選びなさい。

ア 毒物又は劇物の輸入業者
イ 毒物又は劇物の製造業者
ウ 毒物又は劇物の販売業者
エ 特定毒物研究者

	ア	イ	ウ	エ
1	正	正	誤	正
2	正	誤	誤	正
3	正	誤	誤	誤
4	誤	誤	正	正

問 24 以下の記述は、法律第17条第１項の条文である。（　）の中に入れるべき字句の正しい組み合わせを下から一つ選びなさい。

法律第17条第１項
　毒物劇物営業者及び特定毒物研究者は、その取扱いに係る毒物若しくは劇物又は第十一条第二項の政令で定める物が飛散し、漏れ、流れ出し、染み出し、又は地下に染み込んだ場合において、不特定又は多数の者について保健衛生上の危害が生ずるおそれがあるときは、直ちに、その旨を保健所、（　ア　）又は（　イ　）に届け出るとともに、保健衛生上の危害を防止するために必要な応急の措置を講じなければならない。

	ア	イ
1	役場	消防機関
2	役場	医療機関
3	警察署	消防機関
4	警察署	医療機関

問 25 以下の製剤のうち、法律第３条の３及び政令第32条の２の規定により、興奮、幻覚又は麻酔の作用を有する毒物又は劇物（これらを含有する物を含む。）として、みだりに摂取し、若しくは吸入し、又はこれらの目的で所持してはならないと定められているものとして、正しいものの組み合わせを下から一つ選びなさい。

ア ベンゼンを含有する接着剤　　イ フェノールを含有する塗料
ウ メタノールを含有する接着剤　エ 酢酸エチルを含有する塗料

1（ア、イ）　2（ア、ウ）　3（イ、エ）　4（ウ、エ）

〔筆記・基礎化学編〕

【令和元年度実施】

九州全県・沖縄県統一共通①〔福岡県、沖縄県〕

〔基礎化学〕

（一般・農業用品目・特定品目共通）

問 26　以下の物質のうち、単体であるものを一つ選びなさい。

1　石油　　2　オゾン　　3　水　　4　アンモニア

問 27　法則に関する以下の記述の正誤について、正しい組み合わせを下から一つ選びなさい。

ア　一定温度で、溶解度の小さい気体が一定量の溶媒に溶けるとき、気体の溶解量（物質量、質量）はその圧力に比例することをヘスの法則という。

イ　一定量の気体の体積は、圧力に反比例し、絶対温度に比例することをボイル・シャルルの法則という。

ウ　化学反応によってある物質が生成するとき、その反応前後において、物質の総質量は変化しないことを質量保存の法則という。

エ　物質が変化するとき発生又は吸収する熱量（反応熱）は、変化する前の状態と変化した後の状態だけで決まり、変化の過程には無関係であることをヘンリーの法則という。

	ア	イ	ウ	エ
1	正	正	正	正
2	正	誤	誤	誤
3	誤	正	正	誤
4	誤	誤	正	誤

問 28　以下の現象を表す用語について、正しい組み合わせを下から一つ選びなさい。

ア　ヨウ素を穏やかに熱すると、紫色の気体が生じる。
イ　寒い日にバケツの水が凍る。
ウ　氷が溶けて水になる。

	ア	イ	ウ
1	蒸発	凝固	溶解
2	蒸発	凝縮	融解
3	昇華	凝縮	溶解
4	昇華	凝固	溶解

問 29　以下のうち、密度が 1.04g ／ cm^3 である 5.0 ％水酸化ナトリウム水溶液の質量モル濃度として最も適当なものを一つ選びなさい。なお、水酸化ナトリウムの分子量を 40 とする。

1　0.0132mol/kg　　2　0.132mol/kg
3　1.32mol/kg　　4　13.2mol/kg

問 30 疎水コロイドに関する以下の記述のうち、正しいものの組み合わせを下から一つ選びなさい。

ア 親水コロイドに比べ、コロイド粒子に吸着している水分子は多量である。
イ 親水コロイドに比べ、少量の電解質で凝析する。
ウ 親水コロイドに比べ、チンダル現象がはっきり現れる。
エ 親水コロイドに比べ、電気泳動の移動速度は小さい。

1（ア、ウ）　2（ア、エ）　3（イ、ウ）　4（イ、エ）

問 31 塩の種類と化合物の関係について、正しい組み合わせを下から一つ選びなさい。

	塩の種類		化合物
ア	正塩（中性塩）	－	塩化マグネシウム
イ	酸性塩	－	硫酸水素ナトリウム
ウ	酸性塩	－	炭酸ナトリウム
エ	塩基性塩	－	リン酸二水素ナトリウム

1（ア、イ）　2（ア、エ）　3（イ、ウ）　4（ウ、エ）

問 32 中和に関する以下の記述について、（　　）の中に入れるべき数字を下から一つ選びなさい。

0.05mol/L のシュウ酸水溶液 10mL を中和するのに必要な水酸化ナトリウム水溶液が 10mL としたときの水酸化ナトリウム水溶液の濃度は（　　）mol/L である。

1　0.01　　2　0.05　　3　0.10　　4　0.50

問 33 アルカリ金属に関する以下の記述のうち、誤っているものを一つ選びなさい。

1　アルカリ金属は、水素以外の１族元素をいい、すべて１個の価電子をもつ。
2　アルカリ金属は、原子番号が大きいほどイオン化エネルギーは大きくなる。
3　アルカリ金属は、空気や水と激しく反応するので、石油中に保存する。
4　アルカリ金属は、特有の炎色反応を示す。

問 34 以下の化合物のうち、酸化剤として働くものを一つ選びなさい。

1　ヨウ化カリウム　　2　硫化水素
3　チオ硫酸ナトリウム　　4　希硝酸

問 35 以下の化合物の 0.01mol/L 水溶液について、pHが小さいものから順に並べたものとして正しいものを一つ選びなさい。

1　硫酸　＜酢酸　＜　炭酸水素ナトリウム　＜　炭酸ナトリウム
2　酢酸　＜硫酸　＜　炭酸水素ナトリウム　＜　炭酸ナトリウム
3　硫酸　＜酢酸　＜　炭酸ナトリウム　＜　炭酸水素ナトリウム
4　酢酸　＜硫酸　＜　炭酸ナトリウム　＜　炭酸水素ナトリウム

問 36 アルコールの脱水反応に関する以下の記述について、（　）の中に入れるべき字句の正しい組み合わせを下から一つ選びなさい。

アルコールの脱水反応は（　ア　）アルコール＞第二級アルコール＞（　イ　）アルコールの順に反応しやすい。アルコールに濃硫酸を加え、約 160 ～ 170 ℃に加熱すると、（　ウ　）が生成する。

	ア	イ	ウ
1	第一級	第三級	アルケン
2	第一級	第三級	エーテル
3	第三級	第一級	アルケン
4	第三級	第一級	エーテル

問 37 0.05mol のプロパンを完全燃焼させたときに生じる二酸化炭素の重量として適当なものを下から一つ選びなさい。なお、化学反応式は以下のとおりであり、原子量は H ＝ 1 、C ＝ 12、O ＝ 16 とする。

$C_3H_8 + 5O_2 \rightarrow 3CO_2 + 4H_2O$

1　0.003g　　2　2.2g　　3　6.6g　　4　293g

問 38 セッケンに関する以下の記述の正誤について、正しい組み合わせを下から一つ選びなさい。

ア　セッケンは、油脂に強塩基を加えてけん化することによってできる。
イ　逆性セッケンは、洗浄力が強く洗濯用洗剤として使用されている。
ウ　セッケンの洗浄作用は、疎水性部分を油汚れの方に、親水性部分を水の方に向けてミセルを形成し水中に分散させることによる。
エ　セッケンを Ca^{2+} や Mg^{2+} を多く含む水で使用すると洗浄力が低下する。

	ア	イ	ウ	エ
1	正	正	誤	誤
2	正	誤	正	正
3	正	誤	正	誤
4	誤	正	正	正

問 39 官能基とその名称に関する以下の組み合わせについて、誤っているものを一つ選びなさい。

	官能基		名称
1	$-COOH$	－	カルボキシ基
2	$-CHO$	－	アルデヒド基
3	$-NH_2$	－	アミノ基
4	$-SO_3H$	－	ケトン基

問 40 以下の記述のうち、誤っているものを一つ選びなさい。

1　不純物を含む溶液を温度による溶解度の変化や溶媒を蒸発させることにより、不純物を除いて、目的物質の結晶を得ることを再結晶という。
2　一般的に、溶液の蒸気圧は、純粋な溶媒よりも下がる。このような現象を蒸気圧降下という。
3　一般的に、溶液の沸点は、純粋な溶媒よりも高くなる。このような現象を沸点上昇という。
4　一般的に、溶液の凝固点は、純粋な溶媒の凝固点に比べて高い。このような現象を凝固点上昇という。

九州全県・沖縄県統一共通②〔佐賀県、長崎県、熊本県、大分県、宮崎県、鹿児島県〕

〔基礎化学〕

(一般・農業用品目・特定品目共通)

問 26 以下の物質のうち、互いに同素体であるものの組み合わせを下から一つ選びなさい。

ア ナトリウム　　イ 黒鉛　　ウ 亜鉛　　エ ダイヤモンド

1 (ア、イ)　2 (ア、ウ)　3 (イ、エ)　4 (ウ、エ)

問 27 混合物の分離方法に関する以下の関係の正誤について、正しい組み合わせを下から一つ選びなさい。

	操作		方法
ア	水とエタノールの混合物から水を取り出す	―	ろ過
イ	硫酸銅から不純物の塩化ナトリウムを取り除く	―	昇華
ウ	石油からガソリンや灯油を取り出す	―	分留
エ	砂と塩化ナトリウム水溶液の混合物から砂を取り除く	―	抽出

	ア	イ	ウ	エ
1	正	正	正	正
2	正	正	誤	誤
3	誤	正	正	誤
4	誤	誤	正	誤

問 28 以下の現象を表す記述の正誤について、正しい組み合わせを下から一つ選びなさい。

ア 液体が気体になる変化を昇華という。
イ 液体が固体になる変化を凝縮という。
ウ 固体が液体になる変化を風解という。
エ 固体が気体になる変化を蒸発という。

	ア	イ	ウ	エ
1	正	正	誤	正
2	正	正	誤	誤
3	誤	正	正	誤
4	誤	誤	誤	誤

問 29 水素イオン濃度に関する以下の記述について、(　)の中に入れるべき字句の正しい組み合わせを下から一つ選びなさい。

pH 4の水溶液の水素イオン濃度は、pH 6の水溶液の水素イオン濃度の(　ア　)であり、液性は(　イ　)である。

	ア	イ
1	1.5倍	酸性
2	1.5倍	塩基性
3	100倍	酸性
4	100倍	塩基性

問 30 以下の記述のうち、正しいものの組み合わせを下から一つ選びなさい。

ア　触媒は、反応の前後において自身が変化し、化学反応の速さを変化させる。
イ　反応物が活性化状態に達するのに必要な最小のエネルギーのことを活性化エネルギーという。
ウ　反応物の濃度は、化学反応の速さに影響を与えない。
エ　物質が変化するときの反応熱の総和は、変化する前と変化した後の物質の種類と状態で決まり、反応経路や方法には関係しない。

1 (ア、イ)　2 (ア、ウ)　3 (イ、エ)　4 (ウ、エ)

問　31　金属元素と炎色反応の関係について、正しい組み合わせを下から一つ選びなさい。

	金属元素	炎色反応
ア	リチウム	黄色
イ	ナトリウム	赤色
ウ	カリウム	紫色
エ	銅	青緑色

1（ア、イ）　2（ア、エ）　3（イ、ウ）　4（ウ、エ）

問　32　以下の記述について、（　）の中に入れるべき数字として最も近いものを下から一つ選びなさい。なお、原子量は、H＝1、O＝16、Na＝23とする。

水2Lに水酸化ナトリウムを（　）g秤量して溶かし、水酸化ナトリウム水溶液のモル濃度を0.4mol/Lに調製した。

1 0.2　2 0.8　3 8　4 32

問　33　非金属元素に関する以下の記述のうち、誤っているものを一つ選びなさい。

1　ハロゲンの単体は、強い還元力をもつ。
2　ハロゲンの原子は、一価の陰イオンになりやすい。
3　希ガスは常温常圧では、単原子分子の気体として存在する。
4　希ガスの原子は、他の原子と反応しにくく、極めて安定である。

問　34　以下の記述のうち、酸化還元反応が起こっているものを一つ選びなさい。

1　シリカゲルは水をよく吸収するので、乾燥剤として利用されている。
2　鉄の粉末はよく振ると発熱するので、使い捨てカイロなどに利用されている。
3　炭酸水素ナトリウムは加熱すると二酸化炭素を発生するので、ベーキングパウダーとして製菓などに利用されている。
4　酸化カルシウムは水と反応すると発熱するので、食品の加温などに利用されている。

問　35　燃料電池に関する以下の記述について、（　）の中に入れるべき字句の正しい組み合わせを下から一つ選びなさい。

リン酸型燃料電池では、負極に水素、正極に（　ア　）、電解質溶液にリン酸を用いている。また、この電池の放電に伴う生成物は主に（　イ　）である。

	ア	イ
1	窒素	二酸化炭素
2	窒素	水
3	酸素	二酸化炭素
4	酸素	水

問 36 以下の記述について、(　)の中に入れるべき字句の正しい組み合わせを下から一つ選びなさい。なお、同じ記号の(　)内には同じ字句が入ります。

硫化鉄に希塩酸を加えると(　ア　)が発生する。(　ア　)は水に溶けやすく空気より重いため、(　イ　)置換法で捕集する。また、(　ア　)は酸性の溶液中でAg^{+}やPb^{2+}等と反応し、(　ウ　)沈殿を生じることから、金属イオンの検出や分析にも用いられる。

	ア	イ	ウ
1	二酸化硫黄	水上	黒色
2	二酸化硫黄	下方	赤色
3	硫化水素	水上	赤色
4	硫化水素	下方	黒色

問 37 8.8gのプロパンを完全燃焼させたときに生じる水の重量として最も適当なものを下から一つ選びなさい。なお、化学反応式は以下のとおりであり、原子量はH＝1、C＝12、O＝16とする。

$C_3H_8 + 5O_2 \rightarrow 3CO_2 + 4H_2O$

1　0.2g　　2　5.0g　　3　14.4g　　4　35.2g

問 38 窒素及び窒素化合物に関する以下の記述の正誤について、正しい組み合わせを下から一つ選びなさい。

ア　窒素は、空気中に体積比で約80％含まれ、常温常圧では無色・無臭の気体である。
イ　アンモニアは、水によく溶け、その溶液はフェノールフタレイン溶液を滴下すると赤色に呈色する。
ウ　一酸化窒素は、常温常圧では無色で水に溶けにくい気体である。
エ　二酸化窒素は、常温常圧では黄緑色で刺激臭のある有毒な気体である。

	ア	イ	ウ	エ
1	正	正	正	誤
2	正	誤	誤	正
3	正	誤	正	誤
4	誤	正	誤	誤

問 39 以下の記述について、(　)の中に入れるべき字句を下から一つ選びなさい。

サリチル酸はベンゼン環の水素原子が(ア)とフェノール性のヒドロキシ基に置換した化合物で、無水酢酸と反応させるとアセチルサリチル酸が生成する。アセチルサリチル酸は白色の固体で、(イ)として用いられる。

	ア	イ
1	カルボキシ基	整腸剤
2	カルボキシ基	解熱鎮痛剤
3	アミノ基	整腸剤
4	アミノ基	解熱鎮痛剤

問 40 以下のうち、誤っているものを一つ選びなさい。

1　塩化ナトリウムのイオン結合は、陽イオンと陰イオンが静電気力によってお互いに引き合い、結合を形成している。
2　共有結合には、非金属元素の原子同士が不対電子を出し合い、電子対を共有することで結合を形成するものがある。
3　ダイヤモンドは、原子間で金属結合をしているため、非常に硬い。
4　水素結合は、共有結合より弱く、切れやすい。

【令和２年度実施】

〔基礎化学〕

（一般・農業用品目・特定品目共通）

問　26　混合物の分離又は精製に関する以下の組み合わせについて、誤っているものを一つ選びなさい。

1　海水から水を得る。　—　蒸留
2　泥水を土と水に分離する。　—　ろ過
3　原油からガソリン、灯油、軽油等を得る。—　昇華
4　昆布からだしをとる。　—　抽出

問　27　以下の物質のうち、単体であるものを一つ選びなさい。

1　ベンゼン　　2　アルゴン　　3　ベンジン　　4　プロパン

問　28　触媒に関する以下の記述について、（　　）の中に入れるべき字句の適切な組み合わせを下から一つ選びなさい。

触媒は、反応の活性化エネルギーを（　ア　）はたらきをすることで反応速度を（　イ　）する。触媒は反応前後で変化（　ウ　）。

	ア	イ	ウ
1	上げる	速く	する
2	上げる	遅く	しない
3	下げる	速く	しない
4	下げる	遅く	する

問　29　コロイドの性質に関する以下の記述について、（　　）の中に入れるべき字句を下から一つ選びなさい。

疎水コロイドに少量の電解質を加えたとき、沈殿が生じた。この現象を（　）という。

1　ブラウン運動　　2　チンダル現象　　3　塩析　　4　凝析

問　30　以下の元素のうち、炎色反応で黄緑色を呈するものを一つ選びなさい。

1　ナトリウム　　2　カルシウム　　3　バリウム　　4　リチウム

問　31　以下の化合物のうち、芳香族化合物であるものを一つ選びなさい。

1　キシレン　　2　エチレン　　3　アセチレン　　4　セレン

問　32　以下のうち、27℃、9.85×10^4Pa において、800mL の体積を占める理想気体が、0℃、1.01×10^5Pa において示す体積として最も適当なものを一つ選びなさい。

1　570mL　　2　640mL　　3　710mL　　4　780mL

問　33　以下のうち、0.3mol/L の水酸化ナトリウム水溶液 40mL を中和するために必要な硫酸 20mL のモル濃度として最も適当なものを一つ選びなさい。

1　0.3mol/L　　2　0.6mol/L　　3　0.9mol/L　　4　1.2mol/L

問 34 以下のうち、10%塩化ナトリウム水溶液 300mL に 20%塩化ナトリウム水溶液 200mL を加えた溶液の質量パーセント濃度として最も適当なものを一つ選びなさい。なお、混合後の水溶液の体積は、混合前の 2 つの水溶液の体積の総和と等しいものとする。

1 12%　2 14%　3 16%　4 18%

問 35 以下の化学反応式について、(　　)の中に入れるべき係数の正しい組み合わせを下から一つ選びなさい。

$$2\,KMnO_4 + 5\,H_2O_2 + (\text{ア})\,H_2SO_4 \rightarrow 2\,MnSO_4 + (\text{イ})\,H_2O + (\text{ウ})\,O_2 + K_2SO_4$$

	ア	イ	ウ
1	3	5	8
2	3	8	5
3	5	8	5
4	5	5	8

問 36 硫化水素に関する以下の記述のうち、正しいものの組み合わせを下から一つ選びなさい。

ア　強力な酸化剤である。
イ　無色の悪臭(腐卵臭)をもつ有毒な気体である。
ウ　空気よりも軽いため、実験室では上方置換法により捕集する。
エ　鉛、銅などの金属イオンと反応して特有の色の沈殿をつくる。

1（ア、イ）　2（ア、ウ）　3（イ、エ）　4（ウ、エ）

問 37 以下の金属のうち、イオン化傾向が最も小さいものを一つ選びなさい。

1　金　2　鉄　3　カリウム　4銅

問 38 以下の物質のうち、同素体の組み合わせについて正しいものを一つ選びなさい。

1　水と水蒸気　2　一酸化窒素と二酸化窒素
3　黄リンと赤リン　4　塩素と塩化水素

問 39 以下の物質のうち、アミノ基を持つものを一つ選びなさい。

1　トルエン　2　アニリン　3　ぎ酸　4　ジエチルエーテル

問 40 以下の試薬のうち、ブドウ糖の検出に用いられるものとして最も適当なものを一つ選びなさい。

1　ネスラー試薬　2　フェーリング液
3　メチルオレンジ　4　フェノールフタレイン

【令和３年度実施】

〔基礎化学〕

(一般・農業用品目・特定品目共通)

問 26 物質に関する以下の記述について、(　　)の中に入れるべき字句の正しい組み合わせを下から一つ選びなさい。なお、同じ記号の(　　)内には同じ字句が入ります。

酸素、水素などは１種類の元素からできている。このような物質を(　ア　)という。
水や二酸化炭素などは２種類以上の元素が結合してできており、(　イ　)という。
１種類の(　ア　)や１種類の(　イ　)のみからできている物質を(　ウ　)という。

	ア	イ	ウ
1	単体	同素体	混合物
2	単体	化合物	純物質
3	原子	化合物	混合物
4	原子	同素体	純物質

問 27 以下の物質の名称とその元素記号の組み合わせのうち、正しいものを一つ選びなさい。

	名称		元素記号
1	リン	―	Ｐｔ
2	炭素	―	Ｔａ
3	ホウ素	―	Ｂｅ
4	ケイ素	―	Ｓｉ

問 28 以下の物質の下線をつけた原子のうち、酸化数が最も大きいものを一つ選びなさい。

1 $\underline{Mg}SO_4$　　2 $\underline{Al}_2O_3$　　3 $\underline{Fe}Cl_3$　　4 $K\underline{Mn}O_4$

問 29 以下の物質とその物質に存在する結合関係について、正しい組み合わせを下から一つ選びなさい。

	物質		結合
ア	酸化銅(Ⅱ)	―	共有結合
イ	ダイヤモンド	―	分子間力
ウ	塩化カルシウム	―	イオン結合
エ	鉄	―	金属結合

1 (ア、イ)　　2 (ア、ウ)　　3 (イ、エ)　　4 (ウ、エ)

問 30 官能基とその名称に関する以下の組み合わせについて、誤っているものを一つ選びなさい。

	官能基	名称
1	$-CHO$	アルデヒド基(ホルミル基)
2	$-NH_2$	ニトロ基
3	$-COOH$	カルボキシ基
4	$-SO_3H$	スルホ基

問 31 コロイド溶液の性質に関する以下の記述について、(　)の中に入れるべき字句を下から一つ選びなさい。

コロイド溶液に横から強い光線を当てると、粒子が光を散乱させ、光の通路が輝いて見える。
これを(　)という。

1 チンダル現象　2 電気泳動　3 凝析　4 ブラウン運動

問 32 以下の物質の状態変化に関する記述について、正しい組み合わせを下から一つ選びなさい。

ア 気体が直接固体になる変化　イ 液体が固体になる変化
ウ 固体が液体になる変化

	ア	イ	ウ
1	昇華	凝固	融解
2	昇華	風解	蒸発
3	凝縮	凝固	蒸発
4	凝縮	風解	融解

問 33 以下の金属のうち、鉛(Ⅱ)イオンを含む水溶液に入れたときに、金属の表面に鉛の単体が析出するものの組み合わせを下から一つ選びなさい。

ア 亜鉛　イ 銅　ウ 鉄　エ 銀

1(ア、イ)　2(ア、ウ)　3(イ、エ)　4(ウ、エ)

問 34 以下のうち、黄色の炎色反応を示すものを一つ選びなさい。

1 リチウム　2 カリウム　3 銅　4 ナトリウム

問 35 化学反応の法則に関する以下の記述について、該当する法則名として正しいものを下から一つ選びなさい。

「反応熱の総和は、反応の経路によらず、反応の始めの状態と終わりの状態で決まる。」

1 質量保存の法則　2 ヘスの法則　3 ボイル・シャルルの法則
4 ヘンリーの法則

問 36　以下の構造式のうち、ブタン(CH_3-CH_2-CH_2-CH_3)と異性体の関係にあるものの正誤について、正しい組み合わせを一つ選びなさい。

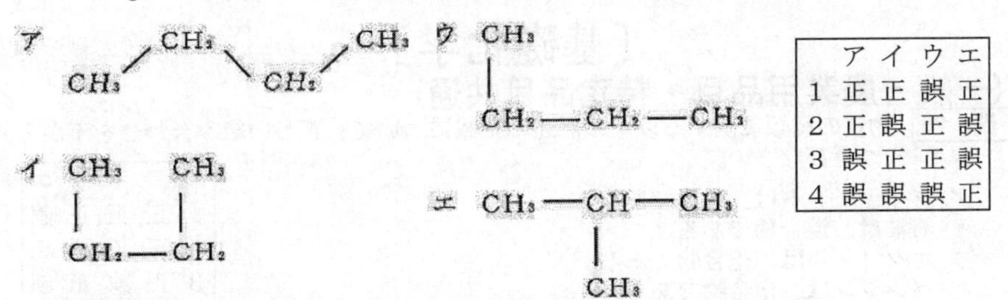

	ア	イ	ウ	エ
1	正	正	誤	正
2	正	誤	正	誤
3	誤	正	正	誤
4	誤	誤	誤	正

問 37　せっけんに関する以下の記述について、(　)の中に入れるべき字句の最も適当な組み合わせを下から一つ選びなさい。

(　ア　)の脂肪酸と(　イ　)の水酸化ナトリウムの塩であるせっけんは、水溶液の中で加水分解して(　ウ　)を示す。

	ア	イ	ウ
1	弱酸	強塩基	弱塩基性
2	弱酸	弱塩基	弱酸性
3	強酸	弱塩基	弱塩基性
4	強酸	強塩基	弱酸性

問 38　水酸化ナトリウム 2.0g に水を加えて、200mL の水溶液をつくった場合、生じた水溶液のモル濃度として最も適当なものを一つ選びなさい。

なお、原子量は H = 1、O = 16、Na = 23 とする。

1　0.025mol／L　　2　0.05mol／L　　3　0.25mol／L　　4　0.5mol／L

問 39　以下の化学反応式について、(　)の中に入れるべき係数の正しい組み合わせを下から一つ選びなさい。

$2\ KMnO_4 + 5\ SO_2 +$ (ア) H_2O
→ $2\ MnSO_4 +$ (イ) $K_2SO_4 +$ (ウ) H_2SO_4

	ア	イ	ウ
1	1	2	1
2	2	1	2
3	3	1	1
4	4	3	2

問 40　以下のうち、硫酸銅(II)水溶液を、白金電極を用いて電気分解したとき、陽極で発生するものを一つ選びなさい。

1　O_2　　2　Cu　　3　SO_2　　4　H_2

【令和４年度実施】

〔基礎化学〕

（一般・農業用品目・特定品目共通）

問 26　物質の種類に関する以下の記述の正誤について、正しい組み合わせを下から一つ選びなさい。

ア ダイヤモンドは、単体である。
イ 石油は、混合物である。
ウ エタノールは、化合物である。
エ ベンジンは、化合物である。

	ア	イ	ウ	エ
1	正	正	正	誤
2	正	正	誤	正
3	正	誤	正	誤
4	誤	誤	正	正

問 27　物質の状態変化を表す以下の用語のうち、気体が液体になる変化を表す名称として正しいものを一つ選びなさい。

1 蒸発　　2 融解　　3 凝縮　　4 昇華

問 28　酸・塩基の強弱に関する以下の組み合わせについて、正しいものを一つ選びなさい。

	ア		イ
1	塩酸	－	弱酸
2	臭化水素	－	強塩基
3	ヨウ化水素	－	強塩基
4	フッ化水素	－	弱酸

問 29　以下の物質のうち、一般的に酸化剤として働くものを一つ選びなさい。

1 硝酸　　2 硫化水素　　3 シュウ酸　　4 亜硫酸ナトリウム

問 30　化学結合に関する以下の組み合わせについて、正しいものを一つ選びなさい。

	ア		イ
1	アルミニウム	－	イオン結合
2	ナフタレン	－	共有結合
3	水酸化ナトリウム	－	共有結合
4	塩化ナトリウム	－	金属結合

問 31　以下のうち、0.1mol／L酢酸水溶液のｐＨ(水素イオン指数)として最も適当なものを一つ選びなさい。ただし、この濃度の酢酸の電離度は0.01とする。

1 ｐＨ1　　2 ｐＨ3　　3 ｐＨ5　　4 ｐＨ7

問 32　以下の単体の金属の原子のうち、イオン化傾向の大きい順に並べたものとして、正しいものを一つ選びなさい。

1 K ＞ Fe ＞ Au　　2 K ＞ Au ＞ Fe
3 Au ＞ K ＞ Fe　　4 Au ＞ Fe ＞ K

問 33　以下のうち、0.2mol／L硫酸10mLを中和するのに必要な0.1mol／L水酸化ナトリウム水溶液の量として、正しいものを一つ選びなさい。

1 10mL　　2 20mL　　3 30mL　　4 40mL

問 34　以下のうち、質量パーセント濃度20％塩化ナトリウム水溶液120 gをつくるのに、必要な塩化ナトリウムの量として適当なものを一つ選びなさい。

1 20g　　2 22g　　3 24g　　4 26g

問 35　以下の化学反応式について、(　)の中に入れるべき係数の正しい組み合わせを下から一つ選びなさい。

3 Cu＋(ア)HNO_3
→ (イ)$Cu(NO_3)_2$＋(ウ)H_2O＋(エ)NO

	ア	イ	ウ	エ
1	6	4	4	2
2	8	3	4	2
3	8	3	2	4
4	6	4	2	4

問 36　気体の溶解度に関する以下の記述について、(　)の中に入れるべき字句を下から一つ選びなさい。

気体の水への溶解度は、温度が高くなると小さくなる。温度が一定の場合は、一定量の溶媒に溶ける気体の質量(又は物質量)は圧力に比例する。これを(　)の法則という。

1 ルシャトリエ　　2 ヘンリー　　3 定比例　　4 ヘス

問 37　以下のうち、100ppmを％に換算した場合の値として、正しいものを一つ選びなさい。

1 0.0001％　　2 0.001％　　3 0.01％　　4 0.1％

問 38　官能基とその名称に関する以下の組み合わせについて、誤っているものを一つ選びなさい。

	官能基	名称
1	－COOH	カルボキシ基
2	－CHO	ビニル基
3	$-NH_2$	アミノ基
4	$-SO_3H$	スルホ基

問 39　以下の有機化合物のうち、フェノール類であるものの組み合わせを下から一つ選びなさい。

ア アニリン　　イ サリチル酸　　ウ 安息香酸　　エ ピクリン酸

1 (ア、イ)　　2 (ア、ウ)　　3 (イ、エ)　　4 (ウ、エ)

問 40　以下の電池のうち、二次電池であるものを一つ選びなさい。

1 マンガン乾電池　　2 アルカリマンガン乾電池　　3 鉛蓄電池
4 ダニエル電池

【令和５年度実施】

〔基礎化学〕

（一般・農業用品目・特定品目共通）

問 26　物質の種類に関する以下の記述の正誤について、正しい組み合わせを下から一つ選びなさい。

ア　リンは、単体である。
イ　アスファルトは、混合物である。
ウ　ダイヤモンドは、単体である。
エ　ガソリンは、化合物である。

	ア	イ	ウ	エ
1	正	正	正	誤
2	正	正	誤	正
3	正	誤	正	誤
4	誤	誤	正	正

問 27　以下の物質の状態変化を表す用語のうち、固体が液体になる変化を表す名称として正しいものを一つ選びなさい。

1　昇華　2　凝固　3　融解　4　蒸発

問 28　酸・塩基の強弱に関する以下の組み合わせについて、正しいものを一つ選びなさい。

	ア		イ
1	ヨウ化水素	―	弱塩基
2	シュウ酸	―	強酸
3	水酸化ナトリウム	―	弱酸
4	アンモニア	―	弱塩基

問 29　以下の物質のうち、一般的に酸化剤として働くものを一つ選びなさい。

1　硫化水素　2　過マンガン酸カリウム　3　シュウ酸
4　亜硫酸ナトリウム

問 30　金属の結晶格子に関する以下の組み合わせについて、正しいものを一つ選びなさい。

	ア		イ
1	アルミニウム	―	体心立方格子
2	銅	―	面心立方格子
3	ナトリウム	―	六方最密充填
4	カリウム	―	面心立方格子

問 31　以下のうち、0.01mol/L 塩酸の pH（水素イオン指数）として最も適当なものを一つ選びなさい。ただし、この濃度の塩酸の電離度は１とする。

1　pH 1　2　pH 2　3　pH 4　4　pH 6

問 32　以下の単体の金属の原子のうち、イオン化傾向の大きい順に並べたものとして、正しいものを一つ選びなさい。

1　K ＞ Fe ＞ Au ＞ Pt　2　K ＞ Ca ＞ Cu ＞ Au
3　Cu ＞ Au ＞ Fe ＞ Zn　4　Na ＞ Li ＞ Pt ＞ Au

問 33　以下のうち、0.10mol/L 塩酸 100mL を中和するのに必要な 0.25mol/L 水酸化ナトリウム水溶液の量として、正しいものを一つ選びなさい。

1　10mL　2　20mL　3　30mL　4　40mL

問 34　以下のうち、塩酸 20mL を 0.20mol/L の水酸化バリウム水溶液で中和滴定すると 6 mL を必要とした。塩酸の濃度として適当なものを一つ選びなさい。

1　0.06mol/L　　2　0.12mol/L　　3　0.24mol/L　　4　0.38mol/L

問 35　以下の化学反応式について、(　)の中に入れるべき係数の正しい組み合わせを下から一つ選びなさい。

(ア)$Mg(OH)_2$ +(イ)H^+
　→(ウ)Mg^{2+} +(エ)H_2O

	ア	イ	ウ	エ
1	2	1	2	2
2	1	2	1	2
3	2	3	2	4
4	1	3	2	2

問 36　物質量と気体の体積に関する以下の記述について、(　)の中に入れるべき字句を下から一つ選びなさい。

すべての気体は、同じ温度、同じ圧力のもとでは、同じ体積に同じ数の分子を含んでいる。これを(　)の法則という。

1　シャルル　　2　アボガドロ　　3　ヘンリー　　4　ヘス

問 37　以下のうち、0.03 %を百万分率に換算した場合の値として、正しいものを一つ選びなさい。

1　0.3ppm　　2　3 ppm　　3　30ppm　　4　300ppm

問 38　官能基とその名称に関する以下の組み合わせについて、誤っているものを一つ選びなさい。

	官能基	名称
1	$-OH$	ヒドロキシ基
2	$-CH=CH_2$	フェニル基
3	$-C_2H_5$	エチル基
4	$-CO-$	ケトン基

問 39　以下の有機化合物のうち、芳香族カルボン酸ではないものの組み合わせを下から一つ選びなさい。

ア　サリチル酸　　イ　安息香酸　　ウ　ベンゼンスルホン酸
エ　クレゾール

1(ア、イ)　　2(ア、ウ)　　3(イ、エ)　　4(ウ、エ)

問 40　以下の分子のうち、二重結合を有するものを一つ選びなさい。

1　水素　　2　窒素　　3　二酸化炭素　　4　エタン

〔性質・貯蔵・取扱編〕

【令和元年度実施】

九州全県・沖縄県統一共通①
〔福岡県、沖縄県〕

〔性質・貯蔵・取扱〕

（一般）

問題　以下の物質の代表的な用途について、最も適当なものを下から一つ選びなさい。

物　質　名	用 途
硫酸亜鉛	問　41
酸化バリウム	問　42
N－エチル－メチル－（２－クロル－４－メチルメルカプトフェニル）－チオホスホルアミド（別名アミドチオエート）	問　43
サリノマイシンナトリウム	問　44

1　みかん、りんご、なし等のハダニ類の殺虫剤として使用される。
2　飼料添加物として使用される。
3　工業用として脱水剤、過酸化物、水酸化物の製造用、釉（ゆう）薬原料に使用されるほか、試薬、乾燥剤としても使用される。
4　工業用として木材防腐剤、捺（なっ）染（せん）剤、塗料、染料、めっきに使用されるほか、農薬としても使用される。

問題　以下の物質の性状として、最も適当なものを下から一つ選びなさい。

物　質　名	性 状
ピクリン酸	問　45
フェノール	問　46
メチルアミン	問　47
無水クロム酸	問　48

1　無色で魚臭（高濃度はアンモニア臭）のある気体で、メタノールやエタノールに溶ける。
2　無色の針状結晶あるいは白色の放射状結晶塊で、空気中で容易に赤変する。特異の臭気と灼くような味を有する。
3　淡黄色の光沢のある小葉状あるいは針状結晶で、冷水には溶けにくいが、熱湯、アルコール、エーテル、ベンゼン、クロロホルムには溶ける。
4　暗赤色結晶で、潮解性があり、水によく溶ける。酸化性、腐食性が大きく、強酸性である。

問題　以下の物質の廃棄方法として、最も適当なものを下から一つ選びなさい。

物　質　名	廃棄方法
ニッケルカルボニル	問 49
アクロレイン	問 50
シアン化ナトリウム	問 51
過酸化水素水	問 52

1　多量の次亜塩素酸ナトリウム水溶液を用いて酸化分解した後、過剰の塩素を亜硫酸ナトリウム水溶液等で分解させ、硫酸を加えて中和し、金属塩を沈殿ろ過し埋立処分する。

2　硅そう土等に吸収させ開放型の焼却炉で焼却する。

3　水酸化ナトリウム水溶液等でアルカリ性とし、高温加圧下で加水分解する。

4　多量の水で希釈して処理する。

問題　以下の物質の漏えい時の措置として、最も適当なものを下から一つ選びなさい。

物　質　名	漏えい時の措置
塩素	問 53
ニトロベンゼン	問 54
キシレン	問 55
クロルピクリン	問 56

1　少量の場合、多量の水を用いて洗い流すか、又は土砂、おが屑等に吸着させて空容器に回収し、安全な場所で焼却する。

2　水酸化カルシウムを十分に散布して吸収させる。多量にガスが噴出した場所には、遠くから霧状の水をかけて吸収させる。

3　多量の場合、土砂等でその流れを止め、安全な場所に導き、液の表面を泡で覆いできるだけ空容器に回収する。

4　少量の場合、布で拭き取るか、又はそのまま風にさらして蒸発させる。多量の場合、土砂等でその流れを止め、多量の活性炭又は水酸化カルシウムを散布して覆い、至急関係先に連絡し専門家の指示により処理する。

問題　以下の物質の人体に対する中毒症状について、最も適当なものを下から一つ選びなさい。

物質名	中毒症状
硝酸	問 57
四塩化炭素	問 58
N－ブチルピロリジン	問 59
メチルカプタン	問 60

1　皮膚に触れた場合、皮膚を刺激し、炎症を起こす。直接液に触れると、凍傷を起こす。
2　症状は、はじめ頭痛、悪心などをきたし、黄疸のように角膜が黄色となり、しだいに尿毒症様を呈し、重症のときは死亡する。
3　蒸気は眼、呼吸器などの粘膜及び皮膚に強い刺激性をもつ。高濃度溶液が皮膚に触れるとガスを発生して、組織ははじめ白く、次第に深黄色となる。
4　吸入した場合、呼吸器を刺激し、吐き気、嘔吐（おうと）が起こる。重症の場合はけいれんを起こし、意識不明となる。

（農業用品目）

問題　以下の物質の性状について、最も適当なものを下から一つ選びなさい。

物質名	性状
塩素酸カリウム	問 41
ジエチル－（５－フェニル－３－イソキサゾリル）－チオホスフェイト （別名 イソキサチオン）	問 42
弗（ふっ）化スルフリル	問 43
Ｓ－メチル－Ｎ－〔(メチルカルバモイル）－オキシ〕－チオアセトイミデート （別名 メトミル）	問 44

1 淡黄褐色の液体である。水に溶けにくく、有機溶剤には溶ける。アルカリに不安定である。
2 無色の単斜晶系板状の結晶である。水に溶けるが、アルコールには溶けにくい。
3 無色の気体である。水に溶けにくく、アセトン、クロロホルムには溶ける。
4 白色の結晶固体である。弱い硫黄臭がある。

問題　以下の物質の代表的な用途について、最も適当なものを下から一つ選びなさい。

物質名	用途
１・１’－イミノジ（オクタメチレン）ジグアニジン （別名 イミノクタジン）	問 45
２－クロルエチルトリメチルアンモニウムクロリド （別名 クロルメコート）	問 46
トリクロルヒドロキシエチルジメチルホスホネイト （別名 トリクロルホン、DEP、ディプテレックス）	問 47
硫酸タリウム	問 48

1 殺菌剤　　2 殺鼠（そ）剤　　3 殺虫剤　　4 植物成長調整剤

問題　以下の物質の人体に対する中毒症状について、最も適当なものを下から一つ選びなさい。

物　質　名	中毒症状
２－イソプロピル－４－メチルピリミジル－６－ジエチルチオホスフェイト（別名 ダイアジノン）	問 49
シアン化ナトリウム（別名 青酸ソーダ）	問 50
モノフルオール酢酸ナトリウム	問 51
燐(りん)化亜鉛	問 52

1　胃及び肺で胃酸や水と反応してホスフィンを発生することにより、頭痛、吐き気、めまい等の症状を起こす。
2　生体細胞内のＴＣＡサイクルの阻害(アコニターゼの阻害)によって、激しい嘔吐(おうと)が繰り返され、胃の疼痛を訴え、次第に意識が混濁し、てんかん性けいれん、脈拍の遅緩が起こり、チアノーゼ、血圧下降をきたす。解毒剤には、アセトアミドを使用する。
3　コリンエステラーゼを阻害し、吸入した場合、倦怠感、頭痛、めまい、嘔吐(おうと)、腹痛、下痢、多汗等の症状を呈し、重篤な場合には、縮瞳、意識混濁、全身けいれん等を起こす。解毒剤には、２－ピリジルアルドキシムメチオダイド（別名PAM）製剤又は硫酸アトロピン製剤を使用する。
4　吸入した場合、頭痛、めまい、悪心、意識不明、呼吸麻痺(ひ)を起こす。解毒剤には、亜硝酸ナトリウム水溶液とチオ硫酸ナトリウム水溶液を使用する。

問題　以下の物質の廃棄方法について、最も適当なものを下から一つ選びなさい。

物　質　名	廃棄方法
エチルパラニトロフェニルチオノベンゼンホスホネイト（別名 ＥＰＮ）	問 53
塩素酸ナトリウム	問 54
硫酸	問 55
硫酸第二銅	問 56

1　還元剤の水溶液に希硫酸を加えて酸性にし、この中に少量ずつ投入する。反応終了後、反応 液を中和し多量の水で希釈して処理する。
2　木粉（おが屑）等に吸収させてアフターバーナー及びスクラバーを備えた焼却炉で焼却する。 なお、スクラバーの洗浄液には水酸化ナトリウム水溶液を用いる。
3　水に溶かし、水酸化カルシウム、炭酸ナトリウムの水溶液を加えて処理し、沈殿ろ過して埋立処分する。
4　徐々に石灰乳等の撹拌溶液に加え中和させた後、多量の水で希釈して処理する。

問題　以下の物質の貯蔵方法について、最も適当なものを下から一つ選びなさい。

物　質　名	廃棄方法
シアン化水素 （別名 青酸ガス）	問　57
ブロムメチル （別名 臭化メチル、ブロムメタン、メチルブロマイド）	問　58
燐（りん）化アルミニウムとその分解促進剤とを含有する製剤	問　59
ロテノン	問　60

1　大気中の湿気に触れると、徐々に分解してホスフィンを発生するため、密封した容器に貯蔵する。
2　酸素によって分解し、殺虫効力を失うため、空気と光を遮断して貯蔵する。
3　常温では気体であるため、圧縮冷却して液化し、圧縮容器に入れ、冷暗所に貯蔵する。
4　少量ならば褐色ガラス瓶を用い、多量ならば銅製シリンダーを用いる。日光及び加熱を避け、風通しのよい冷所に貯蔵する。極めて猛毒であるため、爆発性、燃焼性のものと隔離する。

（特定品目）

問題　以下の物質の用途について、最も適当なものを下から一つ選びなさい。

物　質　名	用　途
トルエン	問　41
一酸化鉛	問　42
過酸化水素水	問　43
四塩化炭素	問　44

1　織物、油絵などの洗浄に使用され、また、消毒及び防腐の目的で用いられる。
2　洗浄剤及び種々の清浄剤の製造、引火性の少ないベンジンの製造に用いられる。
3　爆薬、染料、香料、サッカリン、合成高分子材料などの原料、溶剤、分析用試薬として用いられる。
4　ゴムの加硫促進剤、顔料、試薬として用いられる。

問題　以下の物質の性状について、最も適当なものを下から一つ選びなさい。

物　質　名	廃棄方法
アンモニア	問　45
塩素	問　46
硅弗（けいふっ）化ナトリウム	問　47
硫酸	問　48

1　常温においては窒息性臭気を有する黄緑色の気体で、冷却すると黄色溶液を経て、黄白色固体となる。
2　無色透明、油様の液体で、粗製のものは、しばしば有機質が混じり、かすかに褐色を帯びていることがある。
3　白色の結晶で、水に溶けにくく、アルコールにも溶けない。
4　特有の刺激臭のある無色の気体で、圧縮することによって、常温でも簡単に液化する。

問題　以下の物質の廃棄方法として、最も適当なものを下から一つ選びなさい。

物　質　名	廃棄方法
塩素	問　49
水酸化カリウム	問　50
クロロホルム	問　51
クロム酸ナトリウム	問　52

1 水を加えて希薄な水溶液とし、酸で中和させた後、多量の水で希釈して処理する。
2 多量のアルカリ水溶液（石灰乳又は水酸化ナトリウム水溶液など）中に吹き込んだ後、多量の水で希釈して処理する。
3 希硫酸に溶かし、還元剤の水溶液を過剰に用いて還元した後、水酸化カルシウム、炭酸ナトリウム等の水溶液で処理し、沈殿ろ過する。溶出試験を行い、溶出量が判定基準以下であることを確認して埋立処分する。
4 過剰の可燃性溶剤又は重油等の燃料とともにアフターバーナー及びスクラバーを備えた焼却炉の火室へ噴霧してできるだけ高温で焼却する。

問題　以下の物質の人体に対する代表的な中毒症状について、最も適当なものを下から一つ選びなさい。

物　質　名	中毒症状
クロム酸カリウム	問　53
硝酸	問　54
キシレン	問　55
ホルムアルデヒド	問　56

1 蒸気は粘膜を刺激し、鼻カタル、結膜炎、気管支炎などが起こる。
2 蒸気は眼、呼吸器などの粘膜及び皮膚に強い刺激性を有する。液体の経口摂取で、口腔以下の消化管に強い腐食性火傷を生じ、重症の場合にはショック状態となり死に至る。
3 吸入すると、眼、鼻、のどを刺激する。高濃度で興奮、麻酔作用がある。
4 口と食道が赤黄色に染まり、その後青緑色に変化する。腹痛を起こし、緑色のものを吐き出し、血の混じった便が出る。

問題　以下の物質の取扱い・保管上の注意点として、最も適当なものを下から一つ選びなさい。

物　質　名	取扱い・保管上の注意点
クロロホルム	問　57
過酸化水素水	問　58
メチルエチルケトン	問　59
水酸化カリウム	問　60

1　二酸化炭素と水を強く吸収するため、密栓をして保管する。
2　引火しやすく、また、その蒸気は空気と混合して爆発性の混合ガスとなるため、火気を避けて保管する。
3　冷暗所に保管する。純品は空気と日光によって変質するため、少量のアルコールを加えて分解を防止する。
4　直射日光を避け、冷所に有機物、金属塩、樹脂、油類、その他有機性蒸気を放出する物質と引き離して保管する。

【令和元年度実施】

九州全県・沖縄県統一共通②〔佐賀県、長崎県、熊本県、大分県、宮崎県、鹿児島県〕

〔性質・貯蔵・取扱〕

(一般)

問題　以下の物質の代表的な用途について、最も適当なものを下から一つ選びなさい。

物　質　名	用　途
アクリルアミド	問 41
水酸化ナトリウム	問 42
燐(りん)化水素	問 43
四アルキル鉛	問 44

1　航空ガソリン用アンチノック剤として使用される。
2　土木工事用の土質安定剤のほか、重合体は水処理剤、紙力増強剤、接着剤等に使用される。
3　半導体工業におけるドーピングガスに使用される。
4　せっけん製造、パルプ工業、染料工業、試薬、農薬に使用される。

問題　以下の物質の貯蔵方法として、最も適当なものを下から一つ選びなさい。

物　質　名	性 状
黄燐(りん)	問 45
弗(ふっ)化水素	問 46
クロロホルム	問 47
カリウム	問 48

1　純品は空気と日光によって変質するため、少量のアルコールを加えて分解を防止し、冷暗所に貯蔵する。
2　銅、鉄、コンクリート又は木製のタンクにゴム、鉛、ポリ塩化ビニルあるいはポリエチレンのライニングを施したものに貯蔵する。
3　空気中では酸化しやすく、水とも激しく反応するため、通常、石油中に貯蔵するが、長時間のうちには表面に酸化物の白い皮を生じる。また、水分の混入、火気を避けて貯蔵する。
4　空気に触れると発火しやすいので、水中に沈めて瓶に入れ、さらに砂を入れた缶中に固定して、冷暗所に貯蔵する。

問題　以下の物質の廃棄方法として、最も適当なものを下から一つ選びなさい。

物質名	廃棄方法
クロルピクリン	問 49
硫化カドミウム	問 50
トルエン	問 51
塩化亜鉛	問 52

1 少量の界面活性剤を加えた亜硫酸ナトリウムと炭酸ナトリウムの混合溶液中で、攪拌し分解させた後、多量の水で希釈して処理する。
2 硅(けい)そう土等に吸収させて開放型の焼却炉で少量ずつ焼却する。もしくは焼却炉の火室へ噴霧し焼却する。
3 水に溶かし、水酸化カルシウム、炭酸カルシウム等の水溶液を加えて処理し、沈殿ろ過して埋立処分する。
4 セメントで固化し溶出試験を行い、溶出量が判定基準以下であることを確認して埋立処分する。

問題　以下の物質の漏えい時の措置として、最も適当なものを下から一つ選びなさい。

物質名	漏えい時の措置
砒(ひ)素	問 53
ベタナフトール	問 54
臭素	問 55
過酸化ナトリウム	問 56

1 漏えいした箇所や漏えいした液には水酸化カルシウムを十分に散布し、多量の場合はさらに、シート等をかぶせ、その上に水酸化カルシウムを散布して吸収させる。また、漏えい容器には散水しない。
2 飛散したものは空容器にできるだけ回収し、そのあとを硫酸鉄(Ⅲ)等の水溶液を散布し、水酸化カルシウム、炭酸ナトリウム等の水溶液を用いて処理した後、多量の水で洗い流す。
3 飛散したものは速やかに掃き集め、空容器に回収する。汚染された土砂、物体にも同様の措置をとる。
4 飛散したものは空容器にできるだけ回収する。回収したものは発火のおそれがあるので速やかに多量の水に溶かして処理する。

問題　以下の物質の人体に対する中毒症状について、最も適当なものを下から一つ選びなさい。

物　質　名	中毒症状
蓚(しゅう)酸	問　57
三酸化二砒(ひ)素	問　58
ジメチルジチオホスホリルフェニル酢酸エチル (別名　フェントエート)	問　59
クロルメチル	問　60

1　吸入した場合、麻酔作用がある。多量に吸入すると頭痛、吐気、嘔吐(おうと)が起こり、重症な場合は意識を失う。液が皮膚に触れるとしもやけ(凍傷)を起こす。応急処置には強心剤や興奮剤を使用する。
2　吸入した場合、鼻、喉、気管支などの粘膜を刺激し、頭痛、めまい、悪心、チアノーゼを起こす。重症な場合には血色素尿を排泄し、肺水腫を生じ、呼吸困難を起こす。解毒剤には ジメルカプロール(BAL)を使用する。
3　血液中のカルシウム分を奪取し、神経系を侵す。急性中毒症状には胃痛、嘔吐(おうと)、口腔・咽喉の炎症や腎障害がある。
4　血液中のコリンエステラーゼを阻害し、倦怠感、頭痛、めまい、嘔気、嘔吐(おうと)、腹痛、多汗等の症状を呈し、重症な場合、縮瞳、意識混濁、全身けいれん等を起こすことがある。解毒剤には２－ピリジルアルドキシムメチオダイド(PAM)製剤を使用する。

(農業用品目)

問題　以下の物質について、該当する性状をＡ欄から、廃棄方法をＢ欄から、それぞれ最も適当なものを下から一つ選びなさい。

物　質　名	性 状	廃棄方法
Ｎ－メチル－１－ナフチルカルバメート (別名　カルバリル、NAC)	問　41	問　45
１・３－ジカルバモイルチオ－２－(N・N －ジメチルアミノ)－プロパン塩酸塩 (別名　カルタップ)	問　42	問　46
ジメチル－２・２－ジクロルビニルホスフェイト (別名　ジクロルボス、DDVP)	問　43	問　47
弗(ふっ)化亜鉛	問　44	問　48

【Ａ欄】(性状)
1　無色の結晶で、水やメタノールに溶け、エーテルやベンゼンには溶けない。
2　無色油状の液体で、水に溶けにくいが、有機溶媒に溶ける。
3　四水和物は白色の結晶で、水やアンモニア水に溶ける。
4　白色～淡黄褐色の粉末で、水に溶けにくいが、有機溶媒に溶け、アルカリに不安定である。

【Ｂ欄】（廃棄方法）
1　10 倍量以上の水と撹拌しながら加熱還流して加水分解し、冷却後、水酸化ナトリウム等の水溶液で中和する。
2　水酸化ナトリウム水溶液と加温して加水分解する。
3　還元剤の水溶液に希硫酸を加えて酸性にし、この中に少量ずつ投入する。反応終了後、反応液を中和し多量の水で希釈して処理する。
4　セメントを用いて固化し、埋立処分する。

問題　以下の物質の人体に対する中毒症状について、最も適当なものを下から一つ選びなさい。

物　質　名	中毒症状
シアン化第一銅 (別名　青化第一銅、シアン化銅(Ⅰ))	問　49
２−(１−メチルプロピル)−フェニル− N −メチルカルバメート　(別名 フェノブカルブ、BPMC)	問　50
１・１’−ジメチル−４・４’−ジピリジニウムジクロリド (別名 パラコート)	問　51

1　吸入した場合、縮瞳、意識混濁、全身けいれん等を起こすことがある。
2　吸入した場合、頭痛、めまい、呼吸麻痺等を起こすことがある。解毒剤として、ヒドロキソコバラミンを用いる。
3　誤飲した場合は、消化器障害、ショックの他、数日遅れて、肝臓、腎臓、肺などの機能障害を起こすことがある。
4　皮膚に触れた場合、激しいやけど(薬傷)を起こす。

問　52　以下の物質のうち、硫酸タリウムの解毒剤として正しいものを一つ選びなさい。

1　硫酸アトロピン　　2　亜硝酸アミル　　3　チオ硫酸ナトリウム
4　ヘキサシアノ鉄(Ⅱ)酸鉄(Ⅲ)水和物(プルシアンブルー)

問題　以下の物質の廃棄方法について、最も適当なものを下から一つ選びなさい。

物　質　名	廃棄方法
塩素酸カリウム (別名　塩剥、塩素酸カリ)	問　53
ピロリン酸亜鉛 (別名　二リン酸亜鉛)	問　54
２−イソプロピルフェニル−N−メチルカルバメート (別名 イソプロカルブ、MIPC)	問　55
塩化第二銅 (別名　塩化銅(Ⅱ))	問　56

1　還元剤の水溶液に希硫酸を加えて酸性にし、この中に少量ずつ投入する。反応終了後、反応液を中和し多量の水で希釈して処理する。
2　水に溶かし、水酸化カルシウム、炭酸ナトリウム等の水溶液を加えて処理し、沈殿ろ過して埋立処分する。
3　水酸化ナトリウム水溶液等と加温して加水分解する。
4　セメントを用いて固化し、埋立処分する。

問題　以下の物質の用途として、最も適当なものを下から一つ選びなさい。

物　質　名	廃棄方法
S・S －ビス(１－メチルプロピル)＝ O －エチル＝ホスホロジチオアート (別名 カズサホス)	問　57
１－(６－クロロ－３－ピリジルメチル)－ N －ニトロイミダゾリジン－２－イリデンアミン (別名 イミダクロプリド)	問　58
２－クロル－１－(２・４－ジクロルフェニル)ビニルジメチルホスフェイト（別名 ジメチルビンホス）	問　59
ブラストサイジンＳ	問　60

1　稲のニカメイチュウ、キャベツのアオムシ等の殺虫剤として用いる。
2　稲のイモチ病に用いる。
3　野菜等のアブラムシ類等の害虫を防除する農薬として用いる。
4　野菜等のネコブセンチュウを防除する農薬として用いる。

（特定品目）

問題　以下の物質の用途について、最も適当なものを下から一つ選びなさい。

物　質　名	用　途
水酸化ナトリウム	問　41
塩素	問　42
重クロム酸カリウム	問　43
ホルマリン	問　44

1　工業用の酸化剤、媒染剤、製革用、電気めっき用、電池調整用、顔料原料、試薬として用いられる。
2　温室の燻(くん)蒸剤、フィルムの硬化、人造樹脂、人造角、色素合成などの製造、試薬、農薬として用いられる。
3　酸化剤、紙・パルプの漂白剤、殺菌剤、消毒剤、金属チタンの製造に用いられる。
4　せっけん製造、パルプ工業、染料工業、レーヨン工業、諸種の合成化学、試薬、農薬として用いられる。

問題　以下の物質の性状について、最も適当なものを下から一つ選びなさい。

物　質　名	性　状
トルエン	問　45
硅弗（けいふっ）化ナトリウム	問　46
硫酸モリブデン酸クロム酸鉛	問　47
四塩化炭素	問　48

1　白色の結晶で、水に溶けにくく、アルコールには溶けない。
2　橙色又は赤色粉末で、水、酢酸、アンモニア水には溶けず、酸やアルカリには溶ける。
3　揮発性、麻酔性の芳香がある無色の重い液体で、不燃性である。揮発して重い蒸気となり、火炎を包んで空気を遮断するため、強い消火力を示す。
4　無色透明、可燃性のベンゼン臭を有する液体で、水には溶けず、エタノール、ベンゼン、エーテルに溶ける。

問題　以下の物質の廃棄方法として、最も適当なものを下から一つ選びなさい。

物　質　名	廃棄方法
塩化水素	問　49
重クロム酸アンモニウム	問　50
メチルエチルケトン	問　51
一酸化鉛	問　52

1　セメントを用いて固化し、溶出試験を行い、溶出量が判定基準以下であることを確認して埋立処分する。
2　硅（けい）そう土等に吸収させて開放型の焼却炉で焼却する。もしくは、焼却炉の火室へ噴霧し焼却する。
3　徐々に石灰乳などの撹拌溶液に加え中和させた後、多量の水で希釈して処理する。
4　希硫酸に溶かし、還元剤の水溶液を過剰に用いて還元した後、水酸化カルシウム、炭酸ナトリウム等の水溶液で処理し、沈殿ろ過する。溶出試験を行い、溶出量が判定基準以下であることを確認して埋立処分する。

問題　以下の物質の人体に対する代表的な中毒症状について、最も適当なものを下から一つ選びなさい。

物　質　名	中毒症状
クロム酸カリウム	問 53
メタノール	問 54
過酸化水素水	問 55
蓚(しゅう)酸	問 56

1　頭痛、めまい、嘔吐(おうと)、下痢、腹痛などを起こし、致死量に近ければ麻酔状態になり、視神経が侵され、眼がかすみ、ついには失明することがある。中毒症状の原因は、蓄積作用によるとともに、神経細胞内でぎ酸が生成されることによる。
2　口と食道が赤黄色に染まり、その後青緑色に変化する。腹痛を起こし、緑色のものを吐き出し、血の混じった便が出る。
3　35％以上の溶液は皮膚に水疱をつくりやすく、眼には腐食作用を及ぼす。
4　血液中のカルシウム分を奪取し、神経系を侵す。急性中毒症状には胃痛、嘔吐(おうと)、口腔・咽喉の炎症や腎障害がある。

問題　以下の物質の漏えい時の措置として、最も適当なものを下から一つ選びなさい。

物　質　名	漏えい時の措置
トルエン	問 57
硝酸	問 58
クロロホルム	問 59
クロム酸ナトリウム	問 60

1　飛散したものは空容器にできるだけ回収し、そのあとを還元剤の水溶液を散布し、水酸化カルシウム、炭酸ナトリウム等で処理した後、多量の水で洗い流す。
2　漏えいした液は土砂等で流れを止め、安全な場所に導き、空容器に回収し、そのあとを中性洗剤等の分散剤を使用して多量の水で洗い流す。
3　土砂等に吸着させて空容器に回収する。多量の場合、漏えいした液は、土砂等でその流れを止め、安全な場所に導き、液の表面を泡で覆いできるだけ空容器に回収する。
4　漏えいした液は土砂等に吸着させて取り除くか、又はある程度水で徐々に希釈した後、水酸化カルシウム、炭酸ナトリウム等で中和し、多量の水を用いて洗い流す。

【令和２年度実施】

〔性質・貯蔵・取扱〕

（一般）

問題　以下の物質の用途として、最も適当なものを下から一つ選びなさい。

物　質　名	用　途
硅弗化水素酸（けいふつ）	問　41
亜塩素酸ナトリウム	問　42
酢酸エチル	問　43
塩化亜鉛	問　44

1　脱水剤、木材防腐剤、活性炭の原料、乾電池材料、脱臭剤、染料安定剤
2　香料、溶剤、有機合成原料
3　セメントの硬化促進剤、錫（すず）の電解精錬やめっきの際の電解液
4　繊維、木材、食品の漂白

問題　以下の物質の性状として、最も適当なものを下から一つ選びなさい。

物　質　名	性 状
ニトロベンゼン	問　45
塩化水素	問　46
アクリルニトリル	問　47
シアン化ナトリウム	問　48

1　無臭又は微刺激臭のある無色透明の蒸発しやすい液体。
2　常温、常圧においては、無色の刺激臭をもつ気体で、湿った空気中で激しく発煙する。冷却すると無色の液体及び固体となる。
3　無色又は微黄色の吸湿性の液体で、強い苦扁桃様の香気をもち、光線を屈折させる。
4　白色の粉末、粒状又はタブレット状の固体で、酸と反応すると有毒かつ引火性のガスを生成する。

問題　以下の物質の廃棄方法として、最も適当なものを下から一つ選びなさい。

物　質　名	廃棄方法
水銀	問　49
ホスゲン	問　50
２－クロロニトロベンゼン	問　51
塩化第一錫（すず）	問　52

1　多量の水酸化ナトリウム水溶液(10%程度)に撹拌しながら少量ずつガスを吹き込み分解した後、希硫酸を加えて中和する。
2　水に溶かし、水酸化カルシウム(消石灰)、炭酸ナトリウム(ソーダ灰)等の水溶液を加えて処理し、沈殿ろ過して埋立処分する。
3　アフターバーナー及びスクラバーを備えた焼却炉で少量ずつ又は可燃性溶剤とともに焼却する。
4　そのまま再生利用するため蒸留する。

問題　以下の物質の漏えい時の措置として、最も適当なものを下から一つ選びなさい。

物　質　名	漏えい時の措置
ピクリン酸アンモニウム	問　53
硝酸	問　54
アンモニア	問　55
シアン化水素	問　56

1　多量の場合、漏えい箇所を濡れむしろ等で覆い、ガス状のものに対しては遠くから霧状の水をかけ吸収させる。
2　漏えいしたボンベ等を多量の水酸化ナトリウム水溶液に容器ごと投入してガスを吸収させ、さらに酸化剤の水溶液で酸化処理を行い、多量の水で洗い流す。
3　多量の場合、土砂等でその流れを止め、これに吸着させるか、又は安全な場所に導いて、遠くから徐々に注水してある程度希釈した後、水酸化カルシウム(消石灰)、炭酸ナトリウム(ソーダ灰)等で中和し、多量の水で洗い流す。
4　飛散したものは金属製ではない空容器にできるだけ回収し、そのあとを多量の水で洗い流す。なお、回収の際は飛散したものが乾燥しないよう、適量の水を散布し、また、回収物の保管、輸送に際しても十分に水分を含んだ状態を保つようにする。

問題　以下の物質の貯蔵方法として、最も適当なものを下から一つ選びなさい。

物　質　名	貯蔵方法
黄燐(りん)	問　57
ベタナフトール	問　58
水酸化ナトリウム	問　59
ブロムメチル	問　60

1　光線に触れると赤変するため、遮光して保管する。
2　空気に触れると発火しやすいので、水中に沈めて瓶に入れ、さらに砂を入れた缶中に固定して、冷暗所に保管する。
3　常温では気体なので、圧縮冷却して液化し、圧縮容器に入れ、直射日光など温度上昇の原因を避けて、冷暗所に保管する。
4　二酸化炭素と水を吸収する性質が強いため、密栓して保管する。

（農業用品目）

問題　以下の物質の性状として、最も適当なものを下から一つ選びなさい。

物質名	性状
燐（りん）化亜鉛	問 41
S－メチル－N－[(メチルカルバモイル)－オキシ]－チオアセトイミデート(別名メトミル)	問 42
1－(6－クロロ－3－ピリジルメチル)－N－ニトロイミダゾリジン－2－イリデンアミン(別名イミダクロプリド)	問 43
ジエチル－(5－フェニル－3－イソキサゾリル)-チオホスフェイト(別名イソキサチオン)	問 44

1　淡黄褐色の液体である。水に溶けにくく、有機溶剤には溶ける。アルカリに不安定である。
2　白色の結晶固体で、弱い硫黄臭がある。水、メタノール、アセトンに溶ける。
3　無色の結晶で、弱い特異臭がある。水にきわめて溶けにくい。
4　暗灰色又は暗赤色の粉末で、光沢がある。水、アルコールに溶けない。希酸にホスフィンを出して溶解する。

問題　以下の物質の用途として、最も適当なものを下から一つ選びなさい。

物質名	用途
2・3－ジヒドロ－2・2－ジメチル－7－ベンゾ[b]フラニル－N－ジブチルアミノチオ－N－メチルカルバマート(別名カルボスルファン)	問 45
2・3－ジシアノ－1・4－ジチアアントラキノン(別名ジチアノン)	問 46
2・2’－ジピリジリウム－1・1’－エチレンジブロミド(別名ジクワット)	問 47
2－ジフェニルアセチル－1・3－インダンジオン(別名ダイファシノン)	問 48

1　除草剤　　2　殺鼠剤　　3　殺虫剤　　4　殺菌剤

問題　以下の物質の毒性として、最も適当なものを下から一つ選びなさい。

物　質　名	毒性
無機銅塩類	問　49
クロルピクリン	問　50
ブロムメチル	問　51
ジメチルジチオホスホリルフェニル酢酸エチル（別名フェントエート）	問　52

1　神経伝達物質のアセチルコリンを分解する酵素であるコリンエステラーゼと結合し、その働きを阻害する。吸入した場合、倦怠感、頭痛、嘔吐、下痢、多汗等の症状を呈し、重症な場合には、縮瞳、意識混濁等を起こすことがある。
2　のどが焼けるように熱くなり、緑又は青色のものを嘔吐する。
3　吸入すると、分解されずに組織内に吸収され、各器官が障害される。血液中でメトヘモグロビンを生成、また中枢神経や心臓、眼結膜を侵し、肺も強く障害する。
4　常温では気体であり、蒸気は空気より重いため、吸入による中毒を起こしやすく、吸入した場合は、吐き気、嘔吐、頭痛、歩行困難、けいれん、視力障害、瞳孔拡大等の症状を起こすことがある。

問題　以下の物質の廃棄方法として、最も適当なものを下から一つ選びなさい。

物　質　名	廃棄方法
シアン化ナトリウム	問　53
塩化亜鉛	問　54
ジメチル－４－メチルメルカプト－３－メチルフェニルチオホスフェイト（別名フェンチオン、MPP）	問　55
塩化第一銅	問　56

1　おが屑等に吸収させてアフターバーナー及びスクラバーを備えた焼却炉で焼却する。
2　水に溶かし、水酸化カルシウム（消石灰）、炭酸ナトリウム（ソーダ灰）等の水溶液を加えて処理し、沈殿ろ過して埋立処分する。
3　水酸化ナトリウム水溶液等でアルカリ性とし、高温加圧下で加水分解する。
4　セメントを用いて固化し、埋立処分する。

問題　以下の物質を含有する製剤について、含有する濃度が何%以下になると劇物に該当しなくなるか、正しいものを下から一つ選びなさい。

物　質　名	濃度
N－メチル－１－ナフチルカルバメート（別名カルバリル）	問　57
ジメチルジチオホスホリルフェニル酢酸エチル（別名フェントエート）	問　58
アンモニア	問　59
ジニトロメチルヘプチルフェニルクロトナート（別名ジノカップ）	問　60

1　0.2%　　2　3%　　3　5%　　4　10%

（特定品目）

問題　以下の物質の用途として、最も適当なものを下から一つ選びなさい。

物　質　名	用途
トルエン	問　41
一酸化鉛	問　42
過酸化水素	問　43
重クロム酸カリウム	問　44

1　織物や油絵の洗浄、消毒
2　工業用の酸化剤、媒染剤、電気めっき、電池調整
3　爆薬・染料・香料・サッカリン・合成高分子材料の原料、溶剤
4　ゴムの加硫促進剤、顔料、試薬

問題　以下の物質の毒性として、最も適当なものを下から一つ選びなさい。

物　質　名	毒性
メタノール	問　45
クロロホルム	問　46
蓚酸	問　47
水酸化ナトリウム	問　48

1　脳の節細胞を麻酔させ、赤血球を溶解する。吸収すると、はじめは嘔吐、瞳孔の縮小、運動性不安が現れ、脳及びその他の神経細胞を麻酔させる。
2　腐食性がきわめて強く、皮膚に触れると激しく侵し、また高濃度溶液を経口摂取すると口内、食道、胃などの粘膜を腐食して死亡する。
3　血液中のカルシウム分を奪取し、神経系を侵す。急性中毒症状は、胃痛、嘔吐、口腔・咽喉の炎症、腎障害などがある。
4　頭痛、めまい、嘔吐、下痢、腹痛などをおこし、致死量に近ければ麻酔状態になり、視神経が侵され、眼がかすみ、失明することがある。

問題　以下の物質の廃棄方法として、最も適当なものを下から一つ選びなさい。

物　質　名	廃棄方法
硝酸	問　49
硅弗化ナトリウム	問　50
クロロホルム	問　51
水酸化カリウム	問　52

1　水を加えて希薄な水溶液とし、酸で中和させた後、多量の水で希釈して処理する。
2　徐々に炭酸ナトリウム(ソーダ灰)又は水酸化カルシウム(消石灰)の撹拌溶液に加えて中和させた後、多量の水で希釈して処理する。水酸化カルシウム(消石灰)の場合は上澄液のみを流す。
3　過剰の可燃性溶剤又は重油などの燃料とともに、アフターバーナー及びスクラバーを備えた焼却炉の火室へ噴霧して、できるだけ高温で焼却する。
4　水に溶かし、水酸化カルシウム(消石灰)などの水溶液を加えて処理した後、希硫酸を加えて中和し、沈殿ろ過して埋立処分する。

問題　以下の物質の性状として、最も適当なものを下から一つ選びなさい。

物　質　名	性状
ホルマリン	問　53
トルエン	問　54
重クロム酸カリウム	問　55
硝酸	問　56

1　無色透明で、可燃性のベンゼン臭を有する液体である。ベンゼン、エーテルに溶ける。
2　無色又は淡黄色の液体で、窒息性の臭気があり、腐食性が激しい。
3　無色の催涙性透明液体で、刺激臭がある。
4　橙赤色又は黄赤色の柱状結晶で、水に溶ける。強力な酸化剤である。

問題　以下の物質の貯蔵方法として、最も適当なものを下から一つ選びなさい。

物　質　名	貯蔵方法
過酸化水素	問　57
メタノール	問　58
クロロホルム	問　59
水酸化カリウム	問　60

1　二酸化炭素と水を強く吸収するため、密栓して保管する。
2　火災の危険性があり、揮発しやすいため密栓して冷暗所に保管する。
3　純品は空気と日光によって変質するため、分解防止用の少量のアルコールを加えて冷暗所に保管する。
4　少量ならば褐色ガラス瓶、大量ならばカーボイなどを使用し、３分の１の空間を保って保管する。

【令和３年度実施】

〔性質・貯蔵・取扱〕

（一般）

問題　以下の物質の用途として、最も適当なものを下から一つ選びなさい。

物　質　名	用 途
アジ化ナトリウム	問 41
六弗（ふっ）化タングステン	問 42
弗（ふっ）化水素酸	問 43
燐（りん）化亜鉛	問 44

1　半導体配線の原料
2　ガラスのつや消し、金属の酸洗剤、半導体のエッチング剤
3　試薬や医療検体の防腐剤、エアバッグのガス発生剤
4　殺鼠（そ）剤

問題　以下の物質の保管方法として、最も適当なものを下から一つ選びなさい。

物　質　名	性 状
ピクリン酸	問 45
アクロレイン	問 46
シアン化ナトリウム	問 47
ナトリウム	問 48

1　空気中では酸化されやすく、水と激しく反応するため、通常、石油中に保管する。冷所で雨水などの漏れが絶対に無い場所に保管する。
2　火気に対し安全で隔離された場所に、硫黄、ヨード(沃（よう）素)、ガソリン、アルコール等と離して保管する。鉄、銅、鉛等の金属容器を使用しない。
3　少量ならばガラス瓶、多量ならばブリキ缶又は鉄ドラムを用い、酸類とは離して、風通しの良い乾燥した冷所に密封して保管する。
4　火気厳禁。非常に反応性に富む物質であるため、安定剤を加え、空気を遮断して保管する。

問題　以下の物質の廃棄方法として、最も適当なものを下から一つ選びなさい。

物　質　名	廃棄方法
チタン酸バリウム	問　49
砒(ひ)素	問　50
二硫化炭素	問　51
メタクリル酸	問　52

1　次亜塩素酸ナトリウム水溶液と水酸化ナトリウムの混合溶液を撹拌しつつ、その中に滴下し、酸化分解させた後、多量の水で希釈して処理する。
2　水で希釈し、アルカリ水で中和した後、活性汚泥で処理する。
3　水に懸濁し、希硫酸を加えて加熱分解した後、水酸化カルシウム(消石灰)、炭酸ナトリウム(ソーダ灰)等の水溶液を加えて中和し、沈殿ろ過して埋立処分する。
4　セメントを用いて固化し、溶出試験を行い、溶出量が判定基準以下であることを確認して埋立処分する。

問題　以下の物質の漏えい時の措置として、最も適当なものを下から一つ選びなさい。

物　質　名	漏えい時の措置
メチルエチルケトン	問　53
エチルパラニトロフェニルチオノベンゼンホスホネイト (別名　ＥＰＮ)	問　54
硝酸銀	問　55
ブロムメチル	問　56

1　飛散したものは、空容器にできるだけ回収し、そのあとを食塩水を用いて沈殿させ、多量の水で洗い流す。
2　漏えいした液は、土砂等でその流れを止め、安全な場所に導き、空容器にできるだけ回収し、そのあとを水酸化カルシウム(消石灰)等の水溶液にて処理し、中性洗剤等の分散剤を使用して多量の水で洗い流す。
3　多量の場合、漏えいした液は、土砂等でその流れを止め、安全な場所に導き、液の表面を泡で覆い、できるだけ空容器に回収する。
4　多量の場合、漏えいした液は、土砂等でその流れを止め、液が広がらないようにして蒸発させる。

問題　以下の物質の毒性として、最も適当なものを下から一つ選びなさい。

物　質　名	貯蔵方法
スルホナール	問　57
ジメチル硫酸	問　58
メタノール	問　59
アニリン	問　60

1 急性中毒では、顔面、口唇、指先などにチアノーゼ(皮膚や粘膜が青黒くなる)が現れ、重症ではさらにチアノーゼが著しくなる。脈拍と血圧は、最初に亢進した後下降し、嘔吐、下痢、腎臓炎、けいれん、意識喪失といった症状が現れ、さらに死亡することもある。
2 暴露、接触してもすぐに症状が現れず、数時間から24時間後に影響が現れる。吸入すると、のど、気管支、肺などが激しく侵される。皮膚に触れると、発赤、水ぶくれ、痛覚喪失、やけどを起こす。
3 頭痛、めまい、嘔吐、下痢、腹痛などを起こし、致死量に近ければ麻酔状態になり、視神経が侵され、眼がかすみ、失明することがある。
4 嘔吐、めまい、胃腸障害、腹痛、下痢又は便秘などを起こし、運動失調、麻痺、腎臓炎、尿量減退、ポルフィリン尿(尿が赤色を呈する)として現れる。

(農業用品目)

問題　以下の物質の性状として、最も適当なものを下から一つ選びなさい。

物　質　名	性 状
ジエチル－(5－フェニル－3－イソキサゾリル)－チオホスフェイト(別名 イソキサチオン)	問　41
燐化亜鉛	問　42
アンモニア	問　43
沃化メチル(別名　ヨードメタン、ヨードメチル)	問　44

1 特有の刺激臭のある無色の気体で、圧縮することによって、常温でも簡単に液化する。
2 暗赤色の光沢のある粉末で、希酸にホスフィンを出して溶解する。
3 淡黄褐色の液体で、水に溶けにくいが、有機溶媒に溶け、アルカリに不安定である。
4 エーテル様臭のある無色又は淡黄色透明の液体で、水に溶け、空気中で光により一部分解して褐色になる。

問題　以下の物質の用途として、最も適当なものを下から一つ選びなさい。

物　質　名	用 途
1・1’－ジメチル－4・4’－ジピリジニウムジクロリド(別名 パラコート)	問　45
1・1’－イミノジ(オクタメチレン)ジグアニジン(別名 イミノクタジン)	問　46
3－ジメチルジチオホスホリル－S－メチル－5－メトキシ－1・3・4－チアジアゾリン－2－オン(別名 メチダチオン、DMTP)	問　47
燐化亜鉛	問　48

1 殺鼠剤　　2 殺菌剤　　3 殺虫剤　　4 除草剤

問題　以下の物質の毒性として、最も適当なものを下から一つ選びなさい。

物　質　名	毒性
ニコチン	問　49
1・1’－ジメチル－4・4’－ジピリジニウムジクロリド （別名 パラコート）	問　50
シアン化水素	問　51
ジメチル－(N－メチルカルバミルメチル)－ジチオホスフェイト （別名 ジメトエート）	問　52

1　猛烈な神経毒を有し、急性中毒では吐気、悪心、嘔吐(おうと)があり、次いで脈拍緩徐不整となり、発汗、瞳孔収縮、意識喪失、呼吸困難、けいれん等を起こす。
2　コリンエステラーゼの働きを阻害し、縮瞳、唾液分泌の亢進、徐脈、呼吸麻痺等を起こす。
3　鉄イオンと強い親和性を有し、細胞の酸素代謝を直接阻害する。
4　生体内でラジカルとなり、酸素に触れて活性酸素イオンを生じることで組織に障害を与える。特に酸素毒性に感受性の強い肺が影響を受ける。

問題　以下の物質の保管方法として、最も適当なものを下から一つ選びなさい。

物　質　名	廃棄方法
シアン化カリウム（別名 青酸カリ）	問　53
ブロムメチル（別名 臭化メチル）	問　54
アンモニア水	問　55

1　常温では気体であるため、圧縮冷却して液化し、圧縮容器に入れ、直射日光その他、温度上昇の原因を避けて、冷暗所に保管する。
2　殺虫効力を失うので、空気と光線を遮断して保管する。
3　少量ならばガラス瓶、多量ならばブリキ缶又は鉄ドラムを用い、酸類とは離して、風通しのよい乾燥した冷所に密封して保管する。
4　揮発しやすいため、密栓して保管する。

問題　以下の物質の漏えい時の措置として、最も適当なものを下から一つ選びなさい。

物　質　名	濃度
クロルピクリン（別名 クロロピクリン）	問　56
シアン化ナトリウム（別名 青酸ソーダ）	問　57
硫酸	問　58

1　砂利などに付着している場合、砂利などを回収し、そのあとに水酸化ナトリウム、炭酸ナトリウム(ソーダ灰)等の水溶液を散布してアルカリ性とし、さらに酸化剤の水溶液で酸化処理を行い、多量の水で洗い流す。
2　少量の場合、漏えいした液は布で拭き取るか、又はそのまま風にさらして蒸発させる。
3　魚毒性が強いので漏えいした場所を水で洗い流すことはできるだけ避け、水で洗い流す場合には、廃液が河川等へ流入しないよう注意する。
4　少量の場合、漏えいした液は土砂等に吸着させて取り除くか、又はある程度水で徐々に希釈した後、水酸化カルシウム(消石灰)、炭酸ナトリウム(ソーダ灰)等で中和し、多量の水で洗い流す。

問 59 N－メチル－1－ナフチルカルバメート(別名 カルバリル、NAC)に関する以下の記述について、(　　)の中に入れるべき字句の正しい組み合わせを下から一つ選びなさい。

N－メチル－1－ナフチルカルバメートは(　ア　)の用途で使用される。また、含有量が(　イ　)以下の製剤は劇物から除外される。

	ア	イ
1	除草剤	5％
2	殺虫剤	10％
3	除草剤	10％
4	殺虫剤	5％

問 60 1・3－ジカルバモイルチオ－2－(N・N－ジメチルアミノ)－プロパン(別名 カルタップ)に関する以下の記述について、(　　)の中に入れるべき字句の正しい組み合わせを下から一つ選びなさい。

1・3－ジカルバモイルチオ－2－(N・N－ジメチルアミノ)－プロパンは(　ア　)の用途で使用される。また、含有量が(　イ　)以下の製剤は劇物から除外される。

	ア	イ
1	殺菌剤	10％
2	殺菌剤	2％
3	殺虫剤	10％
4	殺虫剤	2％

(特定品目)

問題 以下の物質の用途として、最も適当なものを下から一つ選びなさい。

物 質 名	用途
酢酸エチル	問 41
硅弗化ナトリウム(けいふっ)	問 42
二酸化鉛	問 43
水酸化ナトリウム	問 44

1 香料、溶剤、有機合成原料
2 釉薬(ゆうやく)、試薬
3 せっけん製造、パルプ工業、染料工業などの合成原料、試薬
4 工業用の酸化剤、電池の製造

問題　以下の物質の性状として、最も適当なものを下から一つ選びなさい。

物　質　名	性状
酸化第二水銀	問 45
メチルエチルケトン	問 46
硝酸	問 47
塩素	問 48

1 無色の液体で、アセトン様の芳香を有する。有機溶媒、水に溶ける。
2 常温においては窒息性臭気を有する黄緑色の気体で、冷却すると、黄色溶液を経て黄白色固体となる。
3 赤色又は黄色の粉末で、製法により色が異なる。500 ℃で分解する。
4 無色の液体で、腐食性が激しく、空気に接すると刺激性白霧を発し、水を吸収する性質が強い。金、白金その他の白金族の金属を除く諸金属を溶解する。

問題　以下の物質の廃棄方法として、最も適当なものを下から一つ選びなさい。

物　質　名	廃棄方法
硝酸	問 49
一酸化鉛	問 50
過酸化水素水	問 51
硅弗化ナトリウム(けいふっ)	問 52

1 徐々に炭酸ナトリウム(ソーダ灰)又は水酸化カルシウム(消石灰)の攪拌(かくはん)溶液に加えて中和させた後、多量の水で希釈して処理する。水酸化カルシウム(消石灰)の場合は上澄液のみを流す。
2 多量の水で希釈して処理する。
3 セメントを用いて固化し、溶出試験を行い、溶出量が判定基準以下であることを確認して埋立処分する。
4 水に溶かし、水酸化カルシウム(消石灰)等の水溶液を加えて処理した後、希硫酸を加えて中和し、沈殿ろ過して埋立処分する。

問題　以下の物質の毒性として、最も適当なものを下から一つ選びなさい。

物　質　名	毒性
アンモニア	問　53
蓚（しゅう）酸	問　54
クロロホルム	問　55
四塩化炭素	問　56

1　はじめに頭痛、悪心などをきたし、黄疸のように角膜が黄色となり、しだいに尿毒症様を呈し、重症なときは死亡する。
2　原形質毒である。この作用は脳の節細胞を麻酔させ、赤血球を溶解する。吸収すると、はじめは嘔吐、瞳孔の縮小、運動性不安が現れ、脳及びその他の神経細胞を麻酔させる。
3　血液中のカルシウム分を奪取し、神経系をおかす。急性中毒症状は、胃痛、嘔吐、口腔・咽喉の炎症、腎障害である。
4　吸入によりすべての露出粘膜に刺激性を有し、せき、結膜炎、口腔、鼻、咽頭粘膜の発赤、高濃度では、口唇、結膜の腫脹、一時的失明をきたす。

問題　以下の物質の取扱い・保管上の注意点として、最も適当なものを下から一つ選びなさい。

物　質　名	取扱い・保管上の注意点
水酸化ナトリウム	問　57
硅弗（けいふっ）化ナトリウム	問　58
硫酸	問　59
過酸化水素水	問　60

1　少量ならば褐色ガラス瓶、大量ならばカーボイなどを使用し、３分の１の空間を保って保管する。日光の直射を避け、冷所に有機物、金属塩、樹脂、油類、その他の有機性蒸気を放出する物質と引き離して保管する。
2　二酸化炭素と水を吸収する性質が強いため、密栓して保管する。
3　水と急激に接触すると多量の熱を生成し、液が飛散することがある。
4　火災等で強熱されると有毒なガスが発生する。また、酸と接触することでも有毒なガスを発生する。

【令和４年度実施】

〔性質・貯蔵・取扱〕

(一般)

問題　以下の物質の用途として、最も適当なものを下から一つ選びなさい。

物　質　名	用 途
サリノマイシンナトリウム	問　41
ジメチルアミン	問　42
パラフェニレンジアミン	問　43
メチルメルカプタン	問　44

1　界面活性剤原料　　　2　飼料添加物（抗コクシジウム剤）
3　染料製造、毛皮の染色　　4　殺虫剤、香料、付臭剤

問題　以下の物質の性状として、最も適当なものを下から一つ選びなさい。

物　質　名	性 状
沃(よう)素	問　45
亜硝酸ナトリウム	問　46
ジメチル－２・２－ジクロルビニルホスフェイト (別名 DDVP、ジクロルボス)	問　47
ヒドラジン	問　48

1　白色又は微黄色の結晶性粉末、粒状又は棒状。水に溶けやすい。潮解性がある。
2　無色の油状の液体で、空気中で発煙する。強い還元剤である。
3　刺激性で、微臭のある比較的揮発性の無色油状の液体。水に溶けにくい。
4　黒灰色、金属様の光沢のある稜板状結晶。水には黄褐色を呈してごくわずかに溶ける。

問題　以下の物質の廃棄方法として、最も適当なものを下から一つ選びなさい。

物　質　名	廃棄方法
ニッケルカルボニル	問　49
シアン化ナトリウム	問　50
水銀	問　51
エチレンオキシド	問　52

1　水酸化ナトリウム水溶液を加えてアルカリ性（ｐＨ 11 以上）とし、酸化剤の水溶液を加えて酸化分解する。分解したのち硫酸を加え中和し、多量の水で希釈して処理する。
2　そのまま再利用するため蒸留する。
3　多量のベンゼンに溶解し、スクラバーを備えた焼却炉の火室へ噴霧し、焼却する。
4　多量の水に少量ずつ気体を吹き込み溶解し希釈した後、少量の硫酸を加え、アルカリ水で中和し活性汚泥で処理する。

問題　以下の物質の漏えい時の措置として、最も適当なものを下から一つ選びなさい。

物　質　名	漏えい時の措置
過酸化ナトリウム	問　53
アクロレイン	問　54
硫酸	問　55
砒(ひ)素	問　56

1 飛散したものは空容器にできるだけ回収し、そのあとを硫酸鉄(Ⅲ)等の水溶液を散布し、水酸化カルシウム(消石灰)、炭酸ナトリウム(ソーダ灰)等の水溶液を用いて処理した後、多量の水で洗い流す。
2 多量の場合、漏えいした液は土砂等でその流れを止め、安全な場所に穴を掘るなどしてためる。これに亜硫酸水素ナトリウム水溶液(約 10 %)を加え、時々撹拌して反応させた後、多量の水で十分に希釈して洗い流す。この際、蒸発したものが大気中に拡散しないよう霧状の水をかけて吸収させる。
3 多量の場合、漏えいした液は土砂等でその流れを止め、これに吸着させるか、又は安全な場所に導いて、遠くから徐々に注水してある程度希釈した後、水酸化カルシウム(消石灰)、炭酸ナトリウム(ソーダ灰)等で中和し、多量の水で洗い流す。
4 飛散したものは、空容器にできるだけ回収する。回収したものは、発火のおそれがあるので速やかに多量の水に溶かして処理する。回収したあとは、多量の水で洗い流す。

問題　以下の物質の貯蔵方法として、最も適当なものを下から一つ選びなさい。

物　質　名	貯蔵方法
二硫化炭素	問　57
弗(ふっ)化水素酸	問　58
臭素	問　59
クロロホルム	問　60

1 銅、鉄、コンクリート又は木製のタンクにゴム、鉛、ポリ塩化ビニルあるいはポリエチレンのライニングを施したものを用いて貯蔵する。
2 少量ならば共栓ガラス瓶、多量ならばカーボイ(硬質容器)、陶製壷などを使用し、冷所に、濃塩酸、アンモニア水、アンモニアガスなどと引き離して貯蔵する。
3 少量ならば共栓ガラス瓶、多量ならば鋼製ドラムなどを使用し、可燃性、発熱性、自然発火性のものから十分に引き離し、直射日光を受けない冷所で貯蔵する。開封したものは、蒸留水を混ぜておくと安全である。
4 冷暗所に貯蔵する。純品は空気と日光によって変質するので、分解を防止するため少量のアルコールを加えて貯蔵する。

（農業用品目）

問題　以下の物質の性状として、最も適当なものを下から一つ選びなさい。

物質名	性状
２－イソプロピルオキシフェニル－Ｎ－メチルカルバメート（別名　ＰＨＣ）	問 41
ジエチル－Ｓ－（２－オキソ－６－クロルベンゾオキサゾロメチル）－ジチオホスフェイト　（別名　ホサロン）	問 42
ジメチルジチオホスホリルフェニル酢酸エチル（別名　フェントエート）	問 43
ブラストサイジンＳベンジルアミノベンゼンスルホン酸塩	問 44

1　白色結晶で水に不溶。ネギ様の臭気。
2　純品は白色、針状の結晶。融点 250 ℃以上、徐々に分解する。
3　無臭の白色結晶性粉末。有機溶媒に可溶で、アルカリ溶液中での分解が速い。
4　芳香性刺激臭を有する赤褐色、油状の液体。アルカリに不安定である。

問題　以下の物質の用途として、最も適当なものを下から一つ選びなさい。

物質名	用途
硫酸タリウム	問 45
５－メチル－１・２・４－トリアゾロ［３・４－b］ベンゾチアゾール（別名 トリシクラゾール）	問 46
弗（ふつ）化スルフリル	問 47
塩素酸ナトリウム	問 48

1　除草剤　　2　殺虫剤　　3　殺鼠（そ）剤　　4　殺菌剤

問題　以下の物質の毒性として、最も適当なものを下から一つ選びなさい。

物質名	毒性
２・２’－ジピリジリウム－１・１’－エチレンジブロミド（別名　ジクワット）	問 49
Ｎ－メチル－１－ナフチルカルバメート（別名　カルバリル）	問 50
モノフルオール酢酸ナトリウム	問 51
沃（よう）化メチル（別名　ヨードメタン、ヨードメチル）	問 52

1　吸入した場合、麻酔性があり、悪心、嘔吐（おうと）などが起こり、重症化すると意識不明となり、肺水腫を起こす。
2　嚥下した場合、消化器障害、ショックのほか、数日遅れて腎臓の機能障害、肺の軽度の障害を起こすことがある。
3　激しい嘔吐（おうと）、胃の疼痛、てんかん性けいれん、チアノーゼ等を起こし、心機能の低下により、死亡する場合がある。
4　摂取後、５～20 分後から運動が不活発になり、振戦、呼吸の促迫、嘔吐（おうと）を呈する。一時的に、反射運動亢進、強直性けいれんを示す。

問題　以下の物質の貯蔵方法として、最も適当なものを下から一つ選びなさい。

物　質　名	貯蔵方法
シアン化水素	問 53
塩化第一銅	問 54
燐(りん)化アルミニウムとその分解促進剤とを含有する製剤	問 55
硫酸銅(Ⅱ)五水和物	問 56

1　空気で酸化されやすく緑色となり、光により褐色となるため、密栓して遮光下に貯蔵する。
2　風解性があるため、密栓して貯蔵する。
3　空気中の湿気に触れると、有毒なガスを発生するため、密封容器に貯蔵する。
4　少量ならば褐色ガラス瓶を、多量ならば銅製シリンダーを用いる。直射日光及び加熱を避け、風通しのよい冷所に貯蔵する。

問題　以下の物質の廃棄方法として、最も適当なものを下から一つ選びなさい。

物　質　名	廃棄方法
塩化第二銅	問 57
クロルピクリン	問 58
1・1’－ジメチル－4・4’－ジピリジニウムジクロリド (別名 パラコート)	問 59
弗(ふっ)化亜鉛	問 60

1　セメントを用いて固化し、埋立処分する。
2　水に溶かし、水酸化カルシウム(消石灰)、炭酸ナトリウム(ソーダ灰)等の水溶液を加えて処理し、沈殿ろ過して埋立処分する。
3　おが屑等に吸収させて、アフターバーナー及びスクラバーを具備した焼却炉で焼却する。
4　少量の界面活性剤を加えた亜硫酸ナトリウムと炭酸ナトリウム(ソーダ灰)の混合溶液中で、撹拌し分解させた後、多量の水で希釈して処理する。

(特定品目)

問題　以下の物質の用途として、最も適当なものを下から一つ選びなさい。

物　質　名	用途
硝酸	問 41
メチルエチルケトン	問 42
ホルマリン	問 43
一酸化鉛	問 44

1　工業用としてフィルムの硬化、人造樹脂、人造角、色素合成などの製造
2　ゴムの加硫促進剤、顔料
3　溶剤、有機合成の原料
4　ニトログリセリン、ピクリン酸などの爆薬の製造、セルロイド工業

問題　以下の物質の毒性として、最も適当なものを下から一つ選びなさい。

物　質　名	毒性
過酸化水素水	問 45
蓚酸（しゅう）	問 46
重クロム酸カリウム	問 47
クロロホルム	問 48

1　血液中の石灰分を奪取し、神経系をおかす。急性中毒症状は、胃痛、嘔吐（おうと）、口腔、咽喉に炎症を起こし、腎臓がおかされる。解毒剤には、石灰水(水酸化カルシウム水溶液)などのカルシウム剤を使用する。
2　35 %以上の溶液は皮膚に触れると、水疱を作りやすい。眼には腐食作用を及ぼし、場合によっては失明することもある。
3　脳の節細胞を麻痺させ、赤血球を溶解する。吸入すると、はじめは嘔吐（おうと）、瞳孔縮小、運動性不安が現れ、ついで脳及びその他の神経細胞を麻痺させる。
4　吸入すると、鼻、のど、気管支などの粘膜が侵される。また皮膚に触れると皮膚炎又は潰瘍を起こすことがある。

問題　以下の物質の廃棄方法として、最も適当なものを下から一つ選びなさい。

物　質　名	廃棄方法
硫酸	問 49
水酸化ナトリウム	問 50
一酸化鉛	問 51
四塩化炭素	問 52

1　徐々に石灰乳などの撹拌溶液に加えて中和させた後、多量の水で希釈して処理する。
2　水を加えて希薄な水溶液とし、酸で中和させた後、多量の水で希釈して処理する。
3　セメントを用いて固化し、溶出試験を行い、溶出量が判定基準以下であることを確認して埋立処分する。
4　過剰の可燃性溶剤又は重油等の燃料とともに、アフターバーナー及びスクラバーを備えた焼却炉の火室へ噴霧してできるだけ高温で焼却する。

問題　以下の物質の性状として、最も適当なものを下から一つ選びなさい。

物　質　名	性状
硫酸モリブデン酸クロム酸鉛	問 53
水酸化ナトリウム	問 54
キシレン	問 55
メチルエチルケトン	問 56

1　アセトン様の芳香を有する無色の液体で、水、有機溶媒に溶ける。蒸気は空気より重く引火しやすい。
2　橙色又は赤色の粉末で、水にほとんど溶けない。
3　白色、結晶性の硬い固体で、繊維状結晶様の破砕面を現す。水と炭酸を吸収する性質が強く、空気中に放置すると、潮解して徐々に炭酸塩の皮層を生成する。
4　無色透明の液体。芳香族炭化水素特有の臭いがある。水にほとんど溶けないが、多くの有機溶媒と混合する。

問題　以下の物質の貯蔵方法として、最も適当なものを下から一つ選びなさい。

物　質　名	貯蔵方法
四塩化炭素	問 57
過酸化水素水	問 58
水酸化カリウム	問 59
メタノール	問 60

1　二酸化炭素と水を強く吸収するため、密栓して貯蔵する。
2　少量ならば褐色ガラス瓶、多量ならばカーボイ(硬質容器)などを使用し、３分の１の空間を保って貯蔵する。
3　亜鉛又は錫(すず)めっきをした鋼鉄製容器で貯蔵し、高温に接しない場所に貯蔵する。
4　火災の危険性があるため、酸化剤と接触させない。揮発しやすいため密栓して冷暗所に貯蔵する。

【令和５年度実施】

〔性質・貯蔵・取扱〕

（一般）

問題　以下の物質の用途として、最も適当なものを下から一つ選びなさい。

物　質　名	用　途
硫酸タリウム	問　41
２・２－ジメチルプロパノイルクロライド （別名 トリメチルアセチルクロライド）	問　42
亜塩素酸ナトリウム	問　43
メタクリル酸	問　44

1　熱硬化性塗料、接着剤、プラスチック改質剤、イオン交換樹脂
2　繊維、木材、食品等の漂白
3　農薬や医薬品製造における反応用中間体、反応用試薬
4　殺鼠（そ）剤

問題　以下の物質の貯蔵方法として、最も適当なものを下から一つ選びなさい。

物　質　名	貯蔵方法
カリウム	問　45
ピクリン酸	問　46
ベタナフトール	問　47
五硫化二燐（りん）	問　48

1　空気や光線に触れると赤変するため、密栓して遮光下に貯蔵する。
2　空気中では酸化されやすく、水と激しく反応するため、通常、石油中に貯蔵する。水分の混入、火気を避け貯蔵する。
3　火気に対し安全で隔離された場所に、硫黄、ヨード（沃よう素）、ガソリン、アルコール等と離して貯蔵する。鉄、銅、鉛等の金属容器を使用しない。
4　わずかな加熱で発火し、発生したガスで爆発することがあるため、換気の良い冷暗所に貯蔵する。

問題　以下の物質の廃棄方法として、最も適当なものを下から一つ選びなさい。

物　質　名	廃棄方法
砒(ひ)素	問　49
シアン化水素	問　50
クロルピクリン	問　51
トルエン	問　52

1 セメントを用いて固化し、溶出試験を行い、溶出量が判定基準以下であることを確認して埋立処分する。
2 多量の水酸化ナトリウム水溶液に吹き込んだ後、高温加圧下で加水分解する。
3 少量の界面活性剤を加えた亜硫酸ナトリウムと炭酸ナトリウム(ソーダ灰)の混合溶液中で撹拌(かくはん)し分解させた後、多量の水で希釈して処理する。
4 硅(けい)そう土等に吸収させて開放型の焼却炉で少量ずつ焼却、又は焼却炉の火室へ噴霧し、焼却する。

問題　以下の物質の漏えい時の措置として、最も適当なものを下から一つ選びなさい。

物　質　名	漏えい時の措置
ニトロベンゼン	問　53
臭素	問　54
キシレン	問　55
重クロム酸カリウム	問　56

1 飛散したもの、又は漏えいした水溶液は、空容器にできるだけ回収する。そのあとを硫酸第一鉄等の還元剤の水溶液を散布し、水酸化カルシウム(消石灰)、炭酸ナトリウム(ソーダ灰)等の水溶液で処理した後、多量の水を用いて洗い流す。
2 多量の場合、土砂等でその流れを止め、土砂やおが屑等に吸収させて空容器に回収し、安全な場所に移す。そのあとは、多量の水で洗い流す。この場合、高濃度の廃液が河川等に排出されないように注意する。
3 多量の場合、土砂等でその流れを止め、安全な場所に導き、液の表面を泡で覆い、できるだけ空容器に回収する。
4 多量の場合、漏えい箇所や漏えいした液には、水酸化カルシウム(消石灰)を十分に散布し、シート等をかぶせ、その上にさらに水酸化カルシウム(消石灰)を散布して吸収させる。漏えい容器には散水しない。多量にガスが噴出した場所には遠くから霧状の水をかけ吸収させる。

問題　以下の物質の毒性として、最も適当なものを下から一つ選びなさい。

物　質　名	毒性
黄燐	問　57
硝酸	問　58
モノフルオール酢酸ナトリウム	問　59
クロルメチル	問　60

1　蒸気は目、呼吸器等の粘膜及び皮膚に強い刺激性を有する。高濃度溶液が皮膚に触れるとガスを発生して、組織ははじめ白く、次第に深黄色となる。

2　生体細胞内のTCAサイクルを阻害し、激しい嘔吐が繰り返され、胃の疼痛を訴え、次第に意識が混濁し、てんかん性けいれん、脈拍の遅緩が起こり、チアノーゼ、血圧降下をきたす。

3　非常に毒性が強い。経口摂取では、一般的に、服用後しばらくして胃部の疼痛、灼熱感、にんにく臭のげっぷ、悪心、嘔吐をきたす。

4　吸入すると麻酔作用が現れる。多量吸入すると頭痛、吐き気、嘔吐等が起こり、はなはだしい場合は意識を失う。液が皮膚に触れるとしもやけ(凍傷)を起こし、目に入ると粘膜がおかされる。

（農業用品目）

問題　以下の物質の性状として、最も適当なものを下から一つ選びなさい。

物　質　名	性状
２－ジフェニルアセチル－１・３－インダンジオン (別名　ダイファシノン)	問　41
メチル＝N－［２－［１－(４－クロロフェニル)－１－ピラゾール－３－イルオキシメチル］フェニル］(N－メトキシ)カルバマート (別名　ピラクロストロビン)	問　42
ジメチル－(N－メチルカルバミルメチル)－ジチオホスフェイト (別名　ジメトエート)	問　43
塩素酸カリウム	問　44

1　黄色の結晶性粉末である。水に溶けない。アセトン、酢酸に溶ける。

2　無色の単斜晶系板状の結晶又は白色の顆粒か粉末である。水に溶ける。アルコールに溶けにくい。

3　白色の固体である。水溶液は室温で徐々に加水分解し、アルカリ溶液中では速やかに加水分解する。

4　暗褐色の粘稠固体である。

問題　以下の物質の毒性として、最も適当なものを下から一つ選びなさい。

物　質　名	毒性
エチレンクロルヒドリン	問　45
燐化亜鉛	問　46
ニコチン	問　47
シアン化ナトリウム	問　48

1 皮膚から容易に吸収され、全身中毒症状を引き起こす。中枢神経系、肝臓、腎臓、肺に著明な障害を引き起こす。致死量の暴露を受けると呼吸不全を起こして死に至る。
2 鉄イオンと強い親和性を有する。吸入した場合、頭痛、めまい、悪心、意識不明、呼吸麻痺を起こす。目に入った場合、粘膜を刺激して結膜炎を起こす。
3 猛烈な神経毒。急性中毒ではよだれ、吐気、悪心、嘔吐があり、次いで脈拍緩徐不整となり、発汗、瞳孔縮小、意識喪失、呼吸困難、けいれんをきたす。慢性中毒では、心臓障害、動脈硬化等をきたし、ときに精神異常を引き起こすことがある。
4 吸入した場合、胃及び肺で胃酸や水と反応してホスフィンを発生することにより、頭痛、吐き気、めまい等の症状を起こす。

問題　以下の物質の用途として、最も適当なものを下から一つ選びなさい。

物　質　名	用途
塩化亜鉛	問 49
ジエチル－(5－フェニル－3－イソキサゾリル)－チオホスフェイト (別名 イソキサチオン)	問 50
モノフルオール酢酸ナトリウム	問 51
2－クロルエチルトリメチルアンモニウムクロリド (別名 クロルメコート)	問 52

1 植物成長調整剤　　2 殺虫剤　　3 殺鼠剤　　4 脱水剤

問題　以下の物質について、該当する貯蔵方法をA欄から、漏えい時の措置をB欄から、それぞれ最も適当なものを下から一つ選びなさい。

物　質　名	貯蔵方法	漏えい時の措置
硫酸	問 53	問 55
クロルピクリン	問 54	問 56
エチルパラニトロフェニルチオノベンゼンホスホネイト (別名 EPN)		問 57

【A欄】(貯蔵方法)
1 常温では気体であるため、圧縮冷却して液化し、圧縮容器に入れ、直射日光等、温度上昇の原因を避けて、冷暗所に貯蔵する。
2 水を吸収して発熱するので、内容物が漏れないように貯蔵する。
3 少量の場合は褐色ガラス瓶で貯蔵し、多量の場合は銅製シリンダーで貯蔵する。
4 酸化剤から離し、密栓して換気の良い場所に貯蔵する。

【B欄】(漏えい時の措置)
1 空容器にできるだけ回収し、そのあとを水酸化カルシウム(消石灰)等の水溶液にて処理し、中性洗剤等の分散剤を使用して多量の水で洗い流す。
2 多量の場合は、土砂等でその流れを止め、多量の活性炭又は水酸化カルシウム(消石灰)を散布して覆い、至急関係先に連絡し専門家の指示により処理する。
3 砂利等に付着している場合、砂利等を回収し、そのあとに水酸化ナトリウム、炭酸ナトリウム(ソーダ灰)等の水溶液を散布してアルカリ性とし、さらに酸化剤の水溶液で酸化処理を行い、多量の水で洗い流す。
4 多量の場合は、土砂等でその流れを止め、これに吸着させるか、又は安全な場所に導いて、遠くから徐々に注水してある程度希釈した後、水酸化カルシウム(消石灰)、炭酸ナトリウム(ソーダ灰)等で中和し、多量の水で洗い流す。

問題　以下の物質の解毒剤として、最も適当なものを下から一つ選びなさい。

物　質　名	解毒剤
ニコチン	問 58
無機シアン化合物	問 59
モノフルオール酢酸ナトリウム	問 60

1　アトロピン　　2　亜硝酸アミル　　3　アセトアミド
4　2－ピリジンアルドキシムメチオダイド(別名 PAM)

(特定品目)

問題　以下の物質の用途として、最も適当なものを下から一つ選びなさい。

物　質　名	用途
重クロム酸カリウム	問 41
硝酸	問 42
一酸化鉛	問 43
水酸化ナトリウム	問 44

1　せっけん製造、パルプ工業、染料工業、レーヨン工業、諸種の合成化学
2　ゴムの加硫促進剤、顔料
3　ニトログリセリン等の爆薬、セルロイド工業
4　工業用の酸化剤、媒染剤、顔料原料

問題　以下の物質の毒性として、最も適当なものを下から一つ選びなさい。

物　質　名	毒性
クロロホルム	問 45
硫酸	問 46
トルエン	問 47
蓚(しゅう)酸	問 48

1　皮膚に触れると、激しいやけどを起こす。目に入ると、粘膜を激しく刺激し、失明することがある。
2　脳の節細胞を麻酔させ、赤血球を溶解する。吸収すると、はじめは嘔吐(おうと)、瞳孔の縮小、運動性不安が現れ、脳及びその他の神経細胞を麻酔させる。
3　血液中のカルシウムを奪取し、神経系を侵す。急性中毒症状は胃痛、嘔吐(おうと)、口腔・咽頭の炎症を起こすことがある。
4　蒸気の吸入により頭痛、食欲不振等がみられる。大量に吸入した場合、緩和な大赤血球性貧血をきたすことがある。

問題　以下の物質の廃棄方法として、最も適当なものを下から一つ選びなさい。

物質名	廃棄方法
アンモニア	問 49
メタノール	問 50
塩酸	問 51
塩素	問 52

1　硅（けい）そう土等に吸収させて開放型の焼却炉で焼却する。
2　水を加えて希薄な水溶液とし、酸で中和させた後、多量の水で希釈して処理する。
3　徐々に石灰乳等の攪拌（かくはん）溶液に加えて中和させた後、多量の水で希釈して処理する。
4　多量のアルカリ水溶液中に吹き込んだ後、多量の水で希釈して処理する。

問題　以下の物質の性状として、最も適当なものを下から一つ選びなさい。

物質名	性状
酢酸エチル	問 53
四塩化炭素	問 54
硫酸モリブデン酸クロム酸鉛	問 55
塩素	問 56

1　橙色又は赤色の粉末で、水にほとんど溶けない。
2　麻酔性の芳香を有する無色の重い液体で、揮発性、不燃性である。
3　果実様の香気がある無色透明の液体である。
4　常温においては窒息性臭気を有する黄緑色の気体で、冷却すると黄色溶液を経て黄白色の固体となる。

問題 以下の物質の貯蔵方法として、最も適当なものを下から一つ選びなさい。

物質名	貯蔵方法
クロロホルム	問 57
メチルエチルケトン	問 58
水酸化カリウム	問 59
ホルマリン	問 60

1　二酸化炭素と水を強く吸収するため、密栓して貯蔵する。
2　引火しやすく、また、その蒸気は空気と混合して爆発性の混合ガスとなるため火気を避けて貯蔵する。
3　冷暗所に貯蔵する。純品は空気と日光によって変質するので、少量のアルコールを加えて分解を防止する。
4　低温では混濁することがあるため、常温で貯蔵する。一般に重合を防ぐため 10%程度のメタノールが添加してある。

〔筆記・法規編〕について「毒物及び取締法改正」により本書使用する際の注意事項

毒物及び劇物取締法〔法律〕が、平成30(2018)年6月30日法律第66号「地域の自主性及び自立性を高めるための改革の推進を図るための関係法律の整備に関する法律」により改正がなされ、令和2(2020)年4月1日より施行されました。この改正内容は、主に国から地方公共団体又は都道府県から中核市への事務・権限の委譲によるものです。

これに伴い本書に収録されている過去問5年分の内〔平成30年～令和元年〕につきましては、出題されたままの収録となっております。その為、改正された法番号等を下表のように作成いたしました。

本書をご使用する際には、改正法番号を読み替えてお使いください。何卒宜しくお願い申し上げます。

なお、下表につきましては改正された法番号等のみ収録。予めご了承ください。

改正内容の詳細等については、毒物及び劇物取締法を別途ご参照をお願いします。

毒物及び劇物取締法の一部を改正する法律　新旧対照表

改正前		現行
法第4条〔営業の登録〕		法第4条〔営業の登録〕
法第4条第1項～第2項	→	(略)
法第4条第3項	→	この改正により削られる。
法第4条第4項〔登録の更新〕	→	法第4条第3項〔登録の更新〕
法第18条	→	この改正により削られる。
法第16条の2〔事故の際の措置〕	→	法第17条〔事故の際の措置〕
法第17条〔立入検査等〕	→	法第18条〔立入検査等〕
法第17条第2項	→	この改正により削られる。
法第17条第3項	→	法第17条第2項
法第17条第4項	→	法第17条第3項
法第17条第5項	→	法第17条第4項
法第19条〔登録の取消等〕		法第19条〔登録の取消等〕
法第19条第5項〔登録の取消等〕	→	この改正により削られる。
法第19条第6項	→	法第19条第5項
法第23条〔手数料〕	→	この改正により削られる。
法第23条の2〔薬事・食品衛生審議会への諮問〕	→	法第23条〔薬事・食品衛生審議会への諮問〕
法第23条の3〔都道府県が処理する事務〕	→	この改正により削られる。
法第23条の4〔緊急時における厚生労働大臣の事務執行〕	→ →	法第23条の2〔緊急時における厚生労働大臣の事務執行〕
法第23条の5〔事務の区分〕	→	この改正により削られる。
法第23条の6〔権限の委任〕	→	法第23条の3〔権限の委任〕
法第23条の7〔政令への委任〕	→	法第23条の4〔政令への委任〕
法第23条の8〔経過措置〕	→	法第23条の5〔経過措置〕

実　地　編

〔実地編〕

【令和元年度実施】

九州全県・沖縄県統一共通①〔福岡県、沖縄県〕

〔実　地〕

（一般）

問題　以下の物質について、該当する性状をA欄から、鑑識法をB欄から、それぞれ最も適当なものを下から一つ選びなさい。

物　質　名	性状	鑑別法
アニリン	問　61	問　63
塩素酸カリウム	問　62	問　64
沃（よう）化水素酸		問　65

【A欄】（性状）

1 輝黄色の安定形と輝赤色の準安定形があり、急熱や衝撃により爆発することがある。
2 純品は無色透明な油状の液体で、特有の臭気がある。空気に触れて赤褐色を呈する。
3 無色の単斜晶系板状の結晶で、水に溶けるが、アルコールには溶けにくい。燃えやすい物質と混合して、摩擦すると爆発することがある。
4 揮発性、麻酔性の芳香を有する無色の重い液体で、不燃性である。溶剤として種々の工業に用いられるが、毒性が強く、吸入すると中毒を起こす。

【B欄】（鑑別方法）

1 水溶液にさらし粉を加えると、紫色を呈する。
2 水溶液に過クロール鉄液を加えると、紫色を呈する。
3 硝酸銀溶液を加えると、淡黄色の沈殿を生じる。
4 熱すると酸素を発生する。水溶液に酒石酸を多量に加えると、白色結晶を生じる。

問題　以下の物質について、該当する性状をA欄から、鑑識法をB欄から、それぞれ最も適当なものを下から一つ選びなさい。

物　質　名	性状	鑑別法
メチルスルホナール	問 66	問 68
ホルマリン	問 67	問 69
硫酸第二銅		問 70

【A欄】（性状）

1 無色の催涙性透明の液体で、刺激性の臭気がある。
2 黄色・レモン色の液体で、吸湿性がある。
3 白色又は灰白色の粉末で、水、熱湯、アルコールに溶けやすい。空気中の炭酸ガスを吸収しやすい。
4 無色無臭の光輝ある葉状結晶である。

【B欄】（鑑別方法）

1 水に溶かして硝酸バリウムを加えると、白色の沈殿を生じる。
2 水浴上で蒸発すると、水に溶けにくい白色、無晶形の物質が残る。
3 木炭とともに熱すると、メルカプタンの臭気を放つ。
4 エーテル溶液に、ヨードのエーテル溶液を加えると褐色の液状沈殿を生じ、これを放置すると、赤色の針状結晶となる。

（農業用品目）

問題　以下の物質の鑑識法について、最も適当なものを下から一つ選びなさい。

物　質　名	鑑識法
アンモニア水	問 61
塩素酸ナトリウム	問 62
クロルピクリン	問 63
硫酸亜鉛	問 64

1 水溶液に金属カルシウムを加え、これにベタナフチルアミン及び硫酸を加えると、赤色の沈殿を生じる。
2 水に溶かして硫化水素を通じると、白色の沈殿を生じる。また、水に溶かして塩化バリウムを加えると、白色の沈殿を生じる。
3 濃塩酸をつけたガラス棒を近づけると、白煙を生じる。また、塩酸を加えて中和した後、塩化白金溶液を加えると、黄色の沈殿を生じる。
4 熱すると、酸素を発生する。また、炭の上に小さな孔をつくり、試料を入れ吹管炎で熱灼すると、パチパチ音を立てて分解する。

問題　以下の物質について、該当する性状をA欄から、用途をB欄から、それぞれ最も適当なものを下から一つ選びなさい。

物　質　名	性状	用途
ジメチルジチオホスホリルフェニル酢酸エチル（別名 フェントエート、PAP）	問　65	
ジメチル－（N －メチルカルバミルメチル）－ジチ オホスフェイト（別名 ジメトエート）	問　66	問　68
2－ジフェニルアセチル－1・3－インダンジオン（別名 ダイファシノン）	問　67	問　69
1・1’－ジメチル－4・4’－ジピリジニウムジクロ リド（別名 パラコート）		問　70

【A欄】（性状）

1 空気中ですみやかに褐色となる液体で、水、アルコールによく溶ける。
2 白色の固体である。熱に対する安定性は低いが、光には安定である。
3 赤褐色、油状の液体である。芳香性刺激臭があり、水に溶けない。
4 黄色の結晶性粉末である。アセトン、酢酸に溶けるが、水には溶けない。

【B欄】（鑑別方法）

1 殺菌剤　　2 殺鼠(そ)剤　　3 殺虫剤　　4 除草剤

（特定品目）

問題　以下の物質について、該当する性状を A 欄から、鑑識法を B 欄から、それぞれ最も適当なものを下から一つ選びなさい。

物　質　名	性状	鑑別法
過酸化水素水	問　61	問　64
硝酸	問　62	問　65
蓚(しゅう)酸	問　63	

【A欄】（性状）

1 10 倍の水、2.5 倍のアルコールに溶けるが、エーテルには溶けにくい。無水物は無色無 臭の吸湿性物質である。
2 腐食性が激しく、空気に接すると刺激性白霧を発し、水を吸収する性質が強い。
3 無色透明、揮発性の液体で、鼻をさすような臭気があり、アルカリ性を呈する。
4 無色透明の液体で、強く冷却すると稜柱状の結晶に変わる。また、強い殺菌力をもつ。

【B欄】（鑑別法）

1 過マンガン酸カリウムを還元し、クロム酸塩を過クロム酸塩に変える。
2 濃塩酸をうるおしたガラス棒を近づけると、白い霧を生じる。
3 希釈水溶液に塩化バリウムを加えると、白色の沈殿を生じる。
4 銅屑を加えて熱すると、藍色を呈して溶け、その際、赤褐色の蒸気を発生する。

問題　以下の物質について、該当する性状をＡ欄から、鑑識法をＢ欄から、それぞれ最も適当なものを下から一つ選びなさい。

物　質　名	性状	鑑別法
四塩化炭素	問　66	問　69
ホルマリン	問　67	問　70
一酸化鉛	問　68	

【Ａ欄】（性状）

1　無色の催涙性透明液体で、刺激性の臭気をもち、低温では混濁するので常温で保存する。
2　重い粉末で、黄色から赤色までのものがあり、赤色粉末を 720 ℃以上に加熱すると黄色になる。
3　不燃性で、揮発して重い蒸気となる。火炎を包んで空気を遮断するため、強い消火力を示す。
4　白色結晶で、水に溶けにくく、アルコールにも溶けない。

【Ｂ欄】（鑑別法）

1　硝酸銀溶液を加えると、白い沈殿を生じる。
2　フェーリング溶液とともに熱すると、赤色の沈殿を生じる。
3　サリチル酸と濃硫酸とともに熱すると、芳香のあるサリチル酸メチルエステルを生成する。
4　アルコール性の水酸化カリウムと銅粉とともに煮沸すると、黄赤色の沈殿を生じる。

九州全県・沖縄県統一共通②
〔佐賀県、長崎県、熊本県、大分県、宮崎県、鹿児島県〕

〔実　地〕

（一般）

問題　以下の物質について、該当する性状をA欄から、鑑識法をB欄から、それぞれ最も適当なものを下から一つ選びなさい。

物　質　名	性状	鑑別法
四塩化炭素	問　61	問　63
メタノール	問　62	問　64
過酸化水素水		問　65

【A欄】（性状）

1　無色透明の揮発性の液体で、可燃性である。水、エタノール、エーテル、クロロホルムと混和する。

2　無色透明の液体で、芳香族炭化水素特有の臭いがあり、水にほとんど溶けない。

3　揮発性、麻酔性の芳香を有する無色の重い液体で、不燃性である。溶剤として種々の工業に用いられるが、毒性が強く、吸入すると中毒を起こす。

4　無色又は淡黄色透明の液体で、光により分解して褐色となる。水、エタノール、エーテルと混和する。

【B欄】（鑑識法）

1　ヨード亜鉛からヨードを析出する。

2　アルコール性の水酸化カリウムと銅粉とともに煮沸すると、黄赤色の沈殿を生成する。

3　サリチル酸と濃硫酸とともに熱すると、芳香のあるエステルを生成する。

4　暗室内で酒石酸又は硫酸酸性下で水蒸気蒸留を行うと、冷却器内又は流出管内に青白色の光が見られる。

問題　以下の物質について、該当する性状をA欄から、鑑識法をB欄から、それぞれ最も適当なものを下から一つ選びなさい。

物　質　名	性状	鑑別法
フェノール	問　66	問　68
三硫化燐（りん）	問　67	問　69
硝酸銀		問　70

【A欄】（性状）

1　無色の針状結晶又は白色の放射状結晶塊で、空気中で容易に赤変する。特異の臭気がある。

2　無色透明結晶で、光によって分解して黒変する。

3　白色又は灰白色の粉末で、水、熱湯、アルコールに溶ける。空気中の炭酸ガスを吸収しやすい。

4　黄色又は淡黄色の斜方晶系針状晶の結晶、あるいは結晶性粉末である。

【B 欄】（鑑識法）

1　水溶液に塩酸を加えると、白色の沈殿物を生じる。
2　水溶液に金属カルシウムを加え、ベタナフチルアミン及び硫酸を加えると、赤色の沈殿を生じる。
3　火炎に接すると容易に引火する。沸騰水により徐々に分解し、有毒なガスを発生する。
4　水溶液に塩化鉄(Ⅲ)液(過クロール鉄液)を加えると紫色を呈する。

（農業用品目）

問題　以下の物質の原体の色として、最も適当なものを下から一つ選びなさい。

物　質　名	色
３－(６－クロロピリジン－３－イルメチル)－１・３－チ アゾリジン－２－イリデンシアナミド　(別名 チアクロプリド)	問 61
２・２－ジメチル－１・３－ベンゾジオキソール－４－イル －Ｎ－メチルカルバマート　(別名 ベンダイオカルブ)	問 62
アンモニア	問 63

1 白色　　2 無色　　3 赤褐色　　4 黄色

問題　以下の物質の性状として、最も適当なものを下から一つ選びなさい。

物　質　名	性状
２・４・６・８－テトラメチル－１・３・５・７－テトラオキソカン (別名 メタアルデヒド)	問 64
ジエチル－Ｓ－(エチルチオエチル)－ジチオホスフェイト (別名 エチルチオメトン、ジスルホトン)	問 65
２・３－ジヒドロ－２・２－ジメチル－７－ベンゾ[ｂ]フラニ ル－Ｎ－ジブチルアミノチオ－Ｎ－メチルカルバマート (別名 カルボスルファン)	問 66

1　白色の粉末で、強酸化剤と混合すると反応が起こる。
2　無色～淡黄色の液体で、特有の臭気がある。
3　褐色の粘稠液体である。
4　濃い藍色の結晶で、無水物は白色の粉末である。

問題　以下の物質の鑑識法について、最も適当なものを下から一つ選びなさい。

物　質　名	鑑識法
酢酸第二銅（別名 酢酸銅(Ⅱ))	問 67
塩素酸コバルト	問 68
ニコチン	問 69
硝酸亜鉛	問 70

1　硫酸酸性水溶液に、ピクリン酸溶液を加えると、黄色結晶を沈殿する。
2　アンモニアと反応し、白色のゲル状の沈殿を生じるが、過剰のアンモニアでアンモニア錯塩を生成し、溶解する。
3　亜硝酸等の還元剤で塩化物を生成する。
4　水溶液は水酸化ナトリウム溶液と反応し、冷時青色の沈殿を生じる。

(特定品目)

問題　以下の物質について、該当する性状をA欄から、鑑識法をB欄から、それぞれ最も適当なものを下から一つ選びなさい。

物　質　名	性状	鑑識法
酸化第二水銀	問　61	問　64
アンモニア水	問　62	問　65
酢酸エチル	問　63	

【A欄】(性状)

1　無色透明、揮発性の液体で、鼻をさすような臭気があり、アルカリ性を呈する。
2　強い果実様の香気がある、無色の液体である。
3　無色透明の高濃度な液体で、強く冷却すると稜柱状の結晶に変わる。また、強い殺菌力をもつ。
4　赤色又は黄色の粉末で、製法によって色が異なる。一般に赤色の粉末の方が粉が粗く、化学作用もいくぶん劣る。水に溶けにくいが、酸には溶けやすい。

【B欄】(鑑識法)

1　小さな試験管に入れて熱すると、はじめ黒色に変わり、さらに熱すると、完全に揮散してしまう。
2　過マンガン酸カリウムを還元し、クロム酸塩を過クロム酸塩に変える。
3　銅屑を加えて熱すると、藍色を呈して溶け、その際赤褐色の蒸気を発生する。
4　濃塩酸をうるおしたガラス棒を近づけると、白い霧を生じる。

問題　以下の物質について、該当する性状をA欄から、鑑識法をB欄から、それぞれ最も適当なものを下から一つ選びなさい。

物　質　名	性状	鑑識法
ホルマリン	問　66	問　69
塩酸	問　67	問　70
水酸化ナトリウム	問　68	

【A欄】(性状)

1　無色透明の液体で、25％以上のものは、湿った空気中で発煙し、刺激臭がある。
2　催涙性がある無色透明な液体で、刺激臭がある。空気中の酸素によって一部酸化され、ぎ酸を生じる。
3　結晶性の硬い白色の固体で、繊維状結晶様の破砕面を現す。水と炭酸を吸収する性質が強く、空気中に放置すると、潮解して徐々に炭酸塩の皮層を形成する。
4　常温においては窒息性臭気をもつ黄緑色の気体で、冷却すると黄色溶液を経て、黄白色固体となる。

【B欄】(鑑識法)

1　希硝酸に溶かすと、無色の液となり、これに硫化水素を通すと、黒色の沈殿を生成する。
2　硝酸銀溶液を加えると、白い沈殿を生じる。
3　過マンガン酸カリウムの溶液の赤紫色を消す。
4　硝酸を加え、さらにフクシン亜硫酸溶液を加えると、藍紫色を呈する。

【令和２年度実施】

〔実　地〕

(一般)

問題　以下の物質について、該当する性状をＡ欄から、識別方法をＢ欄から、それぞれ最も適当なものを下から一つ選びなさい。

物　質　名	性状	識別方法
弗(ふっ)化水素酸	問　61	問　63
黄燐(りん)	問　62	問　64
四塩化炭素		問　65

【Ａ欄】(性状)

1　無色又はわずかに着色した透明の液体で、特有の刺激臭がある。不燃性で、高濃度のものは空気中で白煙を生じる。
2　白色又は淡黄色のロウ様半透明の結晶性固体で、ニンニク臭を有する。
3　揮発性、麻酔性の芳香を有する無色の重い液体で、不燃性である。溶剤として種々の工業に用いられるが、毒性が強く、吸入すると中毒を起こす。
4　無色の催涙性透明の液体で、刺激性の臭気がある。

【Ｂ欄】(識別方法)

1　ロウを塗ったガラス板に針で任意の模様を描いたものに塗ると、針で削り取られた模様の部分は腐食される。
2　暗室内で酒石酸又は硫酸酸性で水蒸気蒸留を行うと、冷却器あるいは流出管の内部に美しい青白色の光が認められる。
3　アルコール性の水酸化カリウムと銅粉とともに煮沸すると、黄赤色の沈殿を生成する。
4　水浴上で蒸発すると、水に溶けにくい白色、無晶形の物質が残る。

問題　以下の物質について、該当する性状をＡ欄から、識別方法をＢ欄から、それぞれ最も適当なものを下から一つ選びなさい。

物　質　名	性状	識別方法
スルホナール	問　66	問　68
ピクリン酸	問　67	問　69
塩素酸ナトリウム		問　70

【Ａ欄】(性状)

1　無色、稜柱状の結晶性粉末である。
2　淡黄色の光沢ある小葉状あるいは針状結晶である。
3　無色無臭の正方単斜状の結晶で、水に溶けやすく、空気中の水分を吸収して潮解する。
4　無色の針状結晶又は白色の放射状結晶塊で、空気中で容易に赤変する。特異の臭気がある。

【Ｂ欄】(識別方法)

1　木炭とともに熱すると、メルカプタンの臭気を放つ。
2　アルコール溶液は、白色の羊毛又は絹糸を鮮黄色に染める。
3　炭の上に小さな孔をつくり、試料を入れ吹管炎で熱灼すると、パチパチ音を立てて分解する。
4　水溶液に塩化鉄(Ⅲ)液(過クロール鉄液)を加えると紫色を呈する。

（農業用品目）

問題　以下の物質の識別方法について、最も適当なものを下から一つ選びなさい。

物　質　名	識別方法
燐化アルミニウムとその分解促進剤	問　61
無水硫酸銅	問　62
ニコチン	問　63
硫酸	問　64

1　本物質に水を加えると青くなる。
2　本物質の希釈水溶液に塩化バリウムを加えると、白色の沈殿を生じるが、この沈殿は塩酸や硝酸に溶けない。
3　本物質をエーテルに溶かし、ヨード（沃素）のエーテル溶液を加えると、褐色の液状沈殿を生じ、これを放置すると、赤色の針状結晶となる。また、本物質にホルマリン１滴を加えた後、濃硝酸１滴を加えると、ばら色を呈する。
4　本物質が大気中の湿気に触れることで徐々に発生する気体は、5~10%硝酸銀溶液を吸着させたろ紙を黒変させる。

問　66　以下の物質について、該当する性状をＡ欄から、代表的な用途をＢ欄から、それぞれ最も適当なものを下から一つ選びなさい。

物　質　名	性状	用途
Ｓ・Ｓ－ビス（１－メチルプロピル）=O－エチル=ホスホロジチオアート（別名カズサホス）	問　65	
弗化スルフリル	問　66	問　68
ナラシン	問　67	問　69
塩素酸ナトリウム		問　70

【Ａ欄】（性状）
1　無色の気体
2　微臭のある無色油状の液体
3　白色から淡黄色の粉末。特異な臭いがある。
4　淡黄色の液体。硫黄臭がある。

【Ｂ欄】（用途）
1　除草剤　　2　飼料添加物　　3　殺虫剤　　4　植物成長調整剤

（特定品目）

問題　以下の物質について、該当する性状をA欄から、識別方法をB欄から、それぞれ最も適当なものを下から一つ選びなさい。

物　質　名	性状	識別方法
塩酸	問　61	問　63
過酸化水素	問　62	問　64
一酸化鉛		問　65

【A欄】（性状）

1　重い粉末で黄色のものから赤色のものまであり、水に溶けず、酸、アルカリには溶ける。
2　無色透明の液体で、刺激臭がある。
3　無色透明の液体。常温において徐々に酸素と水に分解するが、微量の不純物が混入すると、爆鳴を発して急激に分解する。
4　白色、結晶性の固い固体で、繊維状結晶様の破砕面を現す。

【B欄】（識別方法）

1　希硝酸に溶かすと無色の液となり、これに硫化水素を通すと黒色の沈殿が生成する。
2　過マンガン酸カリウムを還元し、クロム酸塩を過クロム酸塩に変える。またヨード亜鉛からヨード（沃（よう）素）を析出する。
3　水溶液を白金線につけて無色の火炎中に入れると、火炎は著しく黄色に染まり、長時間続く。
4　硝酸銀溶液を加えると、白色の沈殿を生じる。

問題　以下の物質について、該当する性状をA欄から、識別方法をB欄から、それぞれ最も適当なものを下から一つ選びなさい。

物　質　名	性状	識別方法
蓚（しゅう）酸	問　66	問　69
キシレン	問　67	
アンモニア水	問　68	問　70

【A欄】（性状）

1　無色透明の液体であり、芳香族炭化水素特有の臭いがある。
2　橙黄色の結晶であり水に溶けるが、アルコールには溶けない。
3　無色透明、揮発性の液体であり、鼻をさすような臭気があり、アルカリ性を呈する。
4　無色、稜柱状の結晶で、乾燥空気中で風化する。

【B欄】（識別方法）

1　濃塩酸を潤したガラス棒を近づけると、白い霧を生じる。また、塩酸を加えて中和した後、塩化白金溶液を加えると、黄色、結晶性の沈殿を生じる。
2　水溶液を酢酸で弱酸性にして酢酸カルシウムを加えると、結晶性の沈殿を生成する。
3　過マンガン酸カリウムを還元し、クロム酸塩を過クロム酸塩に変える。またヨード亜鉛からヨード（沃（よう）素）を析出する。
4　水溶液に硝酸バリウム又は塩化バリウムを加えると、黄色の沈殿を生じる。

【令和３年度実施】

〔実　地〕

（一般）

問題　以下の物質について、該当する性状をＡ欄から、識別方法をＢ欄から、それぞれ最も適当なものを下から一つ選びなさい。

物　質　名	性状	識別方法
亜硝酸ナトリウム	問　61	問　63
ニコチン	問　62	問　64
硫酸亜鉛		問　65

【A 欄】（性状）

1　純品は、無色無臭の油状液体で、空気中で速やかに褐変する。
2　淡黄色の光沢ある小葉状あるいは針状結晶である。徐々に熱すると昇華するが、急熱あるいは衝撃により爆発する。
3　白色又は微黄色の結晶性粉末、粒状又は棒状で水に溶けやすい。潮解性がある。
4　黄色の粉末で、水に溶けにくいが、硝酸、チオ硫酸ナトリウム水溶液、シアン化カリウム水溶液に溶ける。

【B 欄】（識別方法）

1　希硫酸に冷時反応して分解し、褐色の蒸気を出す。
2　水に溶かして硫化水素を通じると、白色の沈殿を生成する。
3　温飽和水溶液は、シアン化カリウム溶液によって暗赤色を呈する。
4　ホルマリン１滴を加えたのち、濃硝酸１滴を加えると、ばら色を呈する。

問題　以下の物質について、該当する性状をＡ欄から、識別方法をＢ欄から、それぞれ最も適当なものを下から一つ選びなさい。

物　質　名	性状	識別方法
ベタナフトール	問　66	問　68
トリクロル酢酸	問　67	問　69
硝酸ウラニル		問　70

【A 欄】（性状）

1　潮解性を有する白色の固体で、水、アルコールに溶け、熱を発する。また、水溶液は強アルカリ性を呈する。
2　無色の斜方六面形結晶で、潮解性を有する。また、微弱の刺激性臭気を有し、水溶液は強酸性を呈する。
3　淡黄色の柱状の結晶で、緑色の光沢を有する。
4　無色の光沢のある小葉状結晶あるいは白色の結晶性粉末である。かすかなフェノール様の臭気があり、空気中で赤変する。

【B 欄】（識別方法）

1　水酸化ナトリウム溶液を加えて熱すると、クロロホルム臭がする。
2　塩酸を加えて中性にした後、塩化白金溶液を加えると、黄色結晶性の沈殿を生成する。
3　水溶液にアンモニア水を加えると、紫色の蛍石彩を放つ。
4　水溶液に硫化アンモン を加えると、黒色の沈殿を生成する。

（農業用品目）

問 61　モノフルオール酢酸ナトリウムに関する以下の記述について、（　　）の中に入れるべき字句の正しい組み合わせを下から一つ選びなさい。

モノフルオール酢酸ナトリウムは（　ア　）である。その性状は（　イ　）の重い粉末で、（　ウ　）がある。

	ア	イ	ウ
1	劇物	白色	潮解性
2	特定毒物	黒色	吸湿性
3	劇物	黒色	潮解性
4	特定毒物	白色	吸湿性

問題　以下の物質の識別方法について、最も適当なものを下から一つ選びなさい。

物　質　名	識別方法
燐（りん）化アルミニウムとその分解促進剤とを含有する製剤	問 62
硫酸第二銅（別名 硫酸銅）	問 63
塩素酸ナトリウム（別名 塩素酸ソーダ、クロル酸ソーダ）	問 64

1　亜硝酸などの還元剤で塩化物を生成する。
2　アンモニアで、白色のゲル状の水酸化物を沈殿するが、過剰のアンモニアでアンモニア錯塩を生成し溶解する。
3　本物質より発生した気体は5～10％硝酸銀溶液を吸着させたろ紙を黒変させる。
4　水に溶かして硝酸バリウムを加えると、白色の沈殿を生成する。

問題　以下の物質について、該当する識別方法をA欄から、生成する沈殿物の色をB欄から、それぞれ最も適当なものを下から一つ選びなさい。

物　質　名	識別方法	生成する沈殿物の色
硫酸亜鉛	問 65	問 69
クロルピクリン（別名 クロロピクリン）	問 66	問 70
ニコチン	問 67	
塩素酸カリウム	問 68	

【A欄】（識別方法）
1　エーテルに溶かし、ヨードのエーテル溶液を加えると液状沈殿を生じ、これを放置すると針状結晶を生成する。
2　水溶液に酒石酸を多量に加えると、結晶性の重酒石酸塩を生成する。
3　水に溶かして硫化水素を通じると、硫化物の沈殿を生成する。
4　水溶液に金属カルシウムを加え、これにベタナフチルアミン及び硫酸を加えると沈殿を生成する。

【B欄】（生成する沈殿物の色）
1　黒色　　2　黄色　　3　白色　　4　赤色

（特定品目）

問題　以下の物質について、該当する性状をA欄から、識別方法をB欄から、それぞれ最も適当なものを下から一つ選びなさい。

物　質　名	性状	識別方法
メタノール	問　61	問　64
硫酸	問　62	問　65
蓚(しゅう)酸	問　63	

【A欄】（性状）

1　無色、稜柱状の結晶で、乾燥空気中で風化する。
2　赤色又は黄色の粉末で、製法によって色が異なる。一般に赤色の粉末の方が粉が粗く、化学作用もいくぶん劣る。水にはほとんど溶けない。
3　無色透明、揮発性の液体で、特異な香気を有する。蒸気は空気より重く引火しやすい。
4　無色透明、油様の液体で、粗製のものは、しばしば有機物が混ざって、かすかに褐色を帯びていることがある。高濃度のものは猛烈に水を吸収する。

【B欄】（識別方法）

1　小さな試験管に入れて熱すると、始めに黒色に変わり、さらに熱すると、完全に揮散してしまう。
2　サリチル酸と濃硫酸とともに熱すると、芳香のあるエステルを生成する。
3　高濃度のものは比重が極めて大きく、水で薄めると発熱し、ショ糖、木片などに触れると、それらを炭化して黒変させる。また、希釈水溶液に塩化バリウムを加えると、白色の沈殿が生じる。
4　銅屑を加えて熱すると、藍色を呈して溶け、その際、赤褐色の蒸気を発生する。

問題　以下の物質について、該当する性状をA欄から、識別方法をB欄から、それぞれ最も適当なものを下から一つ選びなさい。

物　質　名	性状	識別方法
アンモニア水	問　66	問　69
クロロホルム	問　67	問　70
重クロム酸カリウム	問　68	

【A欄】（性状）

1　無色透明、揮発性の液体で、鼻をさすような臭気があり、アルカリ性を呈する。
2　重い粉末で、黄色から赤色までのものがあり、赤色粉末を 720 ℃以上に加熱すると黄色になる。
3　橙赤色の柱状結晶で、水に溶けるが、アルコールには溶けない。
4　無色、揮発性の液体で、特異臭と甘味を有する。純粋なものは、空気に触れ、同時に日光の作用を受けると分解するが、少量のアルコールを添加すると、分解を防ぐことができる。

【B欄】（識別方法）

1　希硝酸に溶かすと、無色の液となり、これに硫化水素を通すと、黒色の沈殿物を生成する。
2　濃塩酸を潤したガラス棒を近づけると、白い霧を生じる。
3　レゾルシンと 33 %の水酸化カリウム溶液と熱すると黄赤色を呈し、緑色の蛍石彩を放つ。
4　アルコール性の水酸化カリウムと銅粉とともに煮沸すると、黄赤色の沈殿を生じる。

【令和４年度実施】

〔実　地〕

(一般)

問題　以下の物質について、該当する性状をＡ欄から、識別方法をＢ欄から、それぞれ最も適当なものを下から一つ選びなさい。

物　質　名	性状	識別方法
硝酸銀	問　61	問　63
アニリン	問　62	問　64
メチルスルホナール		問　65

【Ａ欄】(性状)

1　無色又は微黄色の吸湿性の液体。強い苦扁桃様の香気を有し、光線を屈折させる。
2　無色の針状結晶あるいは白色の放射状結晶塊。空気中で容易に赤変する。
3　無色又は褐色の油状の液体。特有の臭気があり、空気に触れると赤褐色になる。
4　無色透明の結晶。光によって分解して黒変する。

【Ｂ欄】(識別方法)

1　水に溶かして塩酸を加えると、白色の沈殿を生成する。その液に硫酸と銅粉を加えて熱すると、赤褐色の蒸気を発生する。
2　木炭とともに熱すると、メルカプタンの臭気を放つ。
3　水溶液にさらし粉を加えると、紫色を呈する。
4　水溶液に過クロール鉄液を加えると紫色を呈する。

問題　以下の物質について、該当する性状をＡ欄から、識別方法をＢ欄から、それぞれ最も適当なものを下から一つ選びなさい。

物　質　名	性状	識別方法
硝酸	問　66	問　68
三硫化燐(りん)	問　67	問　69
カリウム		問　70

【Ａ欄】(性状)

1　水分を含まないものは、無色の液体で、特有の臭気を有する。
2　白色の粉末。加熱、衝撃、摩擦により爆発的に分解する。
3　黄色又は淡黄色の斜方晶系針状晶の結晶、あるいは結晶性の粉末。
4　金属光沢をもつ銀白色の軟らかい固体。

【Ｂ欄】(識別方法)

1　白金線に試料をつけて溶融炎で熱し、炎の色を見ると青紫色となる。
2　火炎に接すると容易に引火し、沸騰水により徐々に分解してガスが発生する。
3　銅屑を加えて熱すると、藍色を呈して溶け、その際赤褐色の蒸気を発生する。
4　濃塩酸を潤したガラス棒を近づけると、白い霧を生じる。

（農業用品目）

問 61 ジメチル－（N－メチルカルバミルメチル）－ジチオホスフェイト（別名 ジメトエート）に関する以下の記述について、（　）の中に入れるべき字句の正しい組み合わせを下から一つ選びなさい。

ジメトエートは（　ア　）で、（　イ　）の固体である。（　ウ　）として用いられ、太陽光線には（　エ　）である。

	ア	イ	ウ	エ
1	劇物	白色	殺虫剤	安定
2	劇物	黒色	除草剤	不安定
3	毒物	黒色	除草剤	安定
4	毒物	白色	殺虫剤	不安定

問題　以下の物質の原体の色として、最も適当なものを下から一つ選びなさい。

物　質　名	原体の色
２・３－ジシアノ－１・４－ジチアアントラキノン（別名 ジチアノン）	問 62
２－ジフェニルアセチル－１・３－インダンジオン（別名 ダイファシノン）	問 63
２・４・６・８－テトラメチル－１・３・５・７－テトラオキソカン　（別名 メタアルデヒド）	問 64
エチレンクロルヒドリン	問 65

1 無色　　2 白色　　3 黄色　　4 暗褐色

問題 以下の物質について、該当する識別方法をA欄から、その結果沈殿する結晶の色をB欄から、それぞれ最も適当なものを下から一つ選びなさい。

物　質　名	識別方法	沈殿する結晶の色
無機銅塩類	問 66	問 69
アンモニア水	問 67	問 70
硫酸	問 68	

【A欄】（識別方法）

1 水溶液に金属カルシウムを加え、これにベタナフチルアミン及び硫酸を加えると、沈殿を生成する。
2 塩酸を加えて中和した後、塩化白金溶液を加えると結晶性の沈殿を生じる。
3 硫化水素で沈殿を生成し、この沈殿は熱希硝酸に溶ける。
4 水で薄めると発熱し、ショ糖、木片等に触れると、それらを炭化して黒変させる。

【B欄】（沈殿する結晶の色）

1 赤色　　2 青色　　3 黄色　　4 黒色

（特定品目）

問題　以下の物質について、該当する性状をＡ欄から、識別方法をＢ欄から、それぞれ最も適当なものを下から一つ選びなさい。

物　質　名	性状	識別方法
アンモニア水	問　61	問　64
ホルマリン	問　62	問　65
トルエン	問　63	＼

【Ａ欄】（性状）

1　無色透明の催涙性を有する液体。刺激性の臭気をもち、低温では混濁することがある。

2　無色透明、揮発性の液体で鼻をさすような臭気があり、アルカリ性を示す。

3　無色透明の稜柱状結晶で、風解性を有する。水に溶けやすく、エーテルに溶けにくい。

4　無色透明で、可燃性のベンゼン臭を有する液体である。ベンゼン、エーテルに溶ける。

【Ｂ欄】（識別方法）

1　濃塩酸を潤したガラス棒を近づけると、白霧を生じる。

2　水溶液に硝酸バリウム又は塩化バリウムを加えると、黄色の沈殿を生じる。

3　硝酸を加え、さらにフクシン亜硫酸溶液を加えると藍紫色を呈する。

4　過マンガン酸カリウムを還元し、クロム酸塩を過クロム酸塩に変える。またヨード亜鉛からヨード（沃（よう）素）を析出する。

問題　以下の物質について、該当する性状をＡ欄から、識別方法をＢ欄から、それぞれ最も適当なものを下から一つ選びなさい。

物　質　名	性状	識別方法
酸化第二水銀	問　66	問　69
メタノール	問　67	＼
塩酸	問　68	問　70

【Ａ欄】（性状）

1　無色透明、揮発性の液体であり、薄青色に炎をあげて燃える。

2　橙黄色ないし黄色、又は鮮赤色ないし橙赤色の結晶性粉末。希硫酸、硝酸、シアン化アルカリ溶液に溶ける。

3　無色透明の液体であり、濃度が 25 %以上のものは湿った空気中で発煙し、刺激臭がある。

4　白色透明で重い針状結晶であり、水溶液は酸性を示すが、食塩を多量に加えると中性になる。

【Ｂ欄】（識別方法）

1　硝酸銀水溶液を加えると、白い沈殿を生じる。

2　小さな試験管に入れて熱すると、はじめ黒色に変わり、その後分解して金属を残し、さらに熱すると、完全に揮散する。

3　銅屑を加えて熱すると、藍色を呈して溶け、その際、赤褐色の蒸気を発生する。羽毛のような有機質を本品の中に浸し、特にアンモニア水でこれを潤すと、黄色を呈する。

4　サリチル酸と濃硫酸とともに熱すると芳香あるエステル類を生じる。

【令和５年度実施】

〔実　地〕

（一般）

問題　以下の物質について、該当する性状をＡ欄から、識別方法をＢ欄から、それぞれ最も適当なものを下から一つ選びなさい。

物　質　名	性状	識別方法
塩素酸カリウム	問 61	問 63
硫酸第二銅	問 62	問 64
アンモニア水		問 65

【Ａ欄】（性状）

1　無色透明、揮発性の液体で、鼻をさすような臭気があり、アルカリ性を呈する。
2　無水物は白色の粉末である。水和物は風解性を有し、水に溶けやすく、水溶液は酸性を示す。
3　無色又は淡黄色の液体で、刺激臭があり、強酸性である。大部分の金属、コンクリート等を腐食する。
4　無色の単斜晶系板状の結晶、又は白色顆粒か粉末で、水に溶けるがアルコールには溶けにくい。有機物と混合すると、摩擦により爆発することがある。

【Ｂ欄】（識別方法）

1　水溶液に硝酸バリウムを加えると、白色の沈殿を生じる。
2　濃塩酸を潤したガラス棒を近づけると、白い霧を生じる。
3　熱すると酸素を発生する。水溶液に酒石酸を多量に加えると、白色結晶性沈殿を生じる。
4　硝酸銀溶液を加えると、淡黄色の沈殿を生じる。

問題　以下の物質について、該当する性状をＡ欄から、識別方法をＢ欄から、それぞれ最も適当なものを下から一つ選びなさい。

物　質　名	性状	識別方法
弗（ふっ）化水素酸	問　66	問　68
四塩化炭素	問　67	問　69
燐（りん）化亜鉛		問　70

【Ａ欄】（性状）

1　無色透明の液体。催涙性を有し、刺激臭がある。低温では混濁又は沈殿が生じる。
2　麻酔性の芳香を有する無色の重い液体で、揮発性及び不燃性を有する。
3　無色又はわずかに着色した透明の液体で、特有の刺激臭がある。不燃性で、高濃度のものは空気中で白煙を生じる。
4　暗灰色又は暗赤色の粉末。水と徐々に反応し、可燃性のガスを生じる。

【Ｂ欄】（識別方法）

1　ロウを塗ったガラス板に針で任意の模様を描き、本物質を塗ると、針で削り取られた模様の部分は腐食される。
2　希酸にガスを出して溶解する。
3　硝酸を加え、さらにフクシン亜硫酸溶液を加えると、藍紫色を呈する。
4　アルコール性の水酸化カリウムと銅粉とともに煮沸すると、黄赤色の沈殿を生じる。

（農業用品目）

問題　以下の物質について、該当する性状をＡ欄から、識別方法をＢ欄から、それぞれ最も適当なものを下から一つ選びなさい。

物　質　名	性状	識別方法
硝酸亜鉛	問　61	問　64
塩素酸コバルト	問　62	問　65
沃（よう）化メチル（別名　ヨードメタン、ヨードメチル）	問　63	

【Ａ欄】（性状）

1　暗赤色の結晶である。
2　濃い藍色の結晶で、水に溶けやすく、風解性がある。
3　無色又は淡黄色透明の液体。エーテル様臭がある。
4　六水和物は白色結晶である。水に溶けやすく、潮解性がある。

【Ｂ欄】（識別方法）

1　水溶液は水酸化ナトリウム溶液と反応し、冷時青色の沈殿を生じる。
2　アンモニアと反応し、白色のゲル状の沈殿を生じるが、過剰のアンモニアでアンモニア錯塩を生成し、溶解する。
3　炭の上に小さな孔をつくり、試料を入れ吹管炎で熱灼すると、パチパチ音をたてて分解する。
4　硫酸酸性水溶液とし、ピクリン酸溶液を加えると、黄色結晶を沈殿する。

問題 以下の物質について、該当する性状をA欄から、用途をB欄から、それぞれ最も適当なものを下から一つ選びなさい。

物　質　名	性状	用途
アンモニア水		問　68
2・2’－ジピリジリウム－1・1’－エチレンジブロミド（別名 ジクワット）	問　66	問　69
2－クロル－1－（2・4－ジクロルフェニル）ビニルジメチルホスフェイト（別名 ジメチルビンホス）	問　67	問　70

【A欄】（性状）
1 刺激性で、微臭のある比較的揮発性の無色又は薄い黄色の油状液体である。
2 純品は無色無臭の油状液体であるが、空気中で速やかに褐色となる。
3 淡黄色の結晶である。中性、酸性下で安定であり、アルカリ性で不安定である。
4 微粉末状結晶である。キシレン、アセトン等の有機溶媒に溶ける。

【B欄】（用途）
1 化学工業用、医薬用、試薬　　2 除草剤　　3 土壌燻（くん）蒸剤　　4 殺虫剤

（特定品目）

問題 以下の物質について、該当する性状をA欄から、識別方法をB欄から、それぞれ最も適当なものを下から一つ選びなさい。

物　質　名	性状	識別方法
硫酸	問　61	問　64
一酸化鉛	問　62	問　65
硝酸	問　63	

【A欄】（性状）
1 比重が極めて大きく（約1.84）、無色無臭の油状の液体。
2 揮発性、麻酔性の芳香を有する無色の重い液体。火炎を包んで空気を遮断するため、強い消火力を示す。
3 重い粉末で、黄色から赤色までのものがあり、赤色粉末を720℃以上に加熱すると黄色になる。
4 腐食性が激しく、空気に接すると刺激性白霧を発し、水を吸収する性質が強い。

【B欄】（識別方法）
1 銅屑を加えて熱すると、藍色を呈して溶け、その際、赤褐色の蒸気を発生する。
2 硝酸を加え、さらにフクシン亜硫酸溶液を加えると、藍紫色を呈する。
3 希硝酸に溶かすと、無色の液となり、これに硫化水素を通すと、黒色の沈殿を生じる。
4 水で薄めると激しく発熱し、希釈水溶液に塩化バリウムを加えると、白色の沈殿を生じる。

問題　以下の物質について、該当する性状をA欄から、識別方法をB欄から、それぞれ最も適当なものを下から一つ選びなさい。

物　質　名	性状	識別方法
メタノール	問　66	問　69
蓚（しゅう）酸	問　67	問　70
硅弗（けいふっ）化ナトリウム	問　68	

【A欄】（性状）

1　無色透明、揮発性の液体で、鼻をさすような臭気があり、アルカリ性を呈する。
2　無色、稜柱状の結晶で、乾燥空気中で風化する。
3　無色透明、揮発性の液体で、特異な香気を有し、空気と混合して爆発性混合ガスを生成する。
4　白色の結晶で、水に溶けにくく、アルコールには溶けない。

【B欄】（識別方法）

1　水溶液を酢酸で弱酸性にして酢酸カルシウムを加えると、結晶性の沈殿を生成する。
2　濃塩酸を潤したガラス棒を近づけると、白い霧を生じる。
3　サリチル酸及び濃硫酸とともに熱すると芳香のあるエステル類を生じる。
4　希硝酸に溶かすと無色の液となり、これに硫化水素を通すと、黒色の沈殿を生成する。

解答・解説編
〔**筆記**〕
〔法規、基礎化学、性質・貯蔵・取扱〕

〔法規編〕

【令和元年度実施】

※九州全県・沖縄県統一共通においては、毎年８月に行われている試験が台風の影響により、２通りに分かれて試験が実施されました。これに伴い令和元年度は、２つの試験問題作成がされたことで、２つの試験問題を収録いたしました。

九州全県・沖縄県統一共通①〔福岡県・沖縄県〕

（一般・農業用品目・特定品目共通）

問１　4
〔解説〕
解答のとおり。

問２　1
〔解説〕
この設問では毒物はどれかとあるので、アの弗化水素とイのセレンが毒物。法第２条第１項→法別表第一を参照。

問３　3
〔解説〕
この設問における製剤については劇物に該当するものはどれかとあるので、水酸化カリウム、水酸化ナトリウムはいずれも５％以下は劇物から除外されるので、この設問では水酸化カリウム、水酸化ナトリウムについていずれも 10 ％含有する製剤とあるので、劇物。なお、塩化水素、硫酸については、いずれも 10 ％以下は劇物から除外。

問４　3
〔解説〕
法第 14 条第１項は毒物または劇物の譲渡手続における書面に記載する事項。解答のとおり。

問５　3
〔解説〕
法第３条の２は特定毒物のことで、同法第９項は譲り渡しの限定のこと。解答のとおり。

問６　2
〔解説〕
この設問は、法第８条第２項における毒物劇物取扱責任者になることのできない者の規定。この設問で該当するアの 17 歳の者、ウの麻薬中毒者が該当する。要するに 18 歳未満の者と麻薬、大麻、あへん又は覚せい剤の中毒者である。

問７　4
〔解説〕
法第３条の４では引火性、発火性又は爆発性のある毒物又は劇物について、業務その他正当な理由を除いて所持してはならないと施行令で規定されている。→施行令第 32 条の３で、①亜塩素酸ナトリウム 30 ％以上、②塩素酸塩類 35 ％以上、③ナトリウム、④ピクリン酸のことである。

問８　4
〔解説〕
法第 22 条第１項→施行令第 41 条において業務上取扱者として届出をする事業は、①電気めっき行う事業、②金属熱処理を行う事業、③大型自動車（最大積載量 5,000kg 以上）又は内容積が厚生労働省令で定める量以上の運送事業、④しろありの防除を行う事業で、それを使用する物として施行令第 42 条により①と②はシアン化ナトリウム、無機シアン化合物たる毒物及びこれを含有する製剤。③施行令別表第二掲げる品目、④砒素化合物たる毒物及びこれを含有する製剤。

問９　2
〔解説〕
この設問は、施行令第 40 条の９第１項は譲受人に対して毒物又は劇物の性状及び取扱についての情報提供のことで、その情報提供の内容について施行規則第 13

条の 12 に規定されている。解答のとおり。

問 10　4
〔解説〕
法第 10 条は届出のことで、ウとエが正しい。なお、アは販売する毒物又は劇物の変更について届出を要しない。また、イの代表取締役の変更についても届出を要しない。

問 11　2
〔解説〕
この設問は毒物又は劇物を運搬する車両に備える保護具のこどて、施行令第 40 条の５第２項第三号→施行規則第 13 条の６→施行規則別表第五に規定されている。

問 12　1
〔解説〕
この設問は施行令第 40 条の５第２項第一号→施行規則第 13 条の４のこと。

問 13　3
〔解説〕
解答のとおり。

問 14　3
〔解説〕
この設問では正しいのはどれかとあるので、３が正しい。３は法第 21 条第１項のことで、登録が失効した場合の措置のこと。なお、１は法第４条第４項の登録の更新で、毒物又は劇物製造業者及び輸入業者は、５年毎に、また毒物又は劇物販売業者は、６年毎に更新を受けなければその効力を失う。２は法第 14 条第４項で５年間書面を保存しなければならない。４は法第７条第３項で毒物劇物取扱責任者を置いたときは、30 日以内に氏名を届け出なければならないである。

問 15　4
〔解説〕
この設問は毒物又は劇物の容器及び被包についての表示と掲げる事項むのことで、法第 12 条第２項で、①毒物又は劇物の名称、②毒物又は劇物の成分及びその含量、③施行規則第 11 条の５で定められている解毒剤の名称のことで、誤っているものどれかとあるので３が該当する。

問 16　3
〔解説〕
この設問では正しいものはどれかとあるので３が正しい。３は法第５条における登録の基準のこと。なお、１の農業用品目販売業の登録を受けた者は、法第４条の３第１項→施行規則第４条の２→施行規則別表第一に掲げられている品目のみである。よって誤り。２については、法第４条第３項で、店舗ごとに、その店舗の所在地の都道府県知事へ申請書を出さなければならない。４は法第４条第４項の登録の更新についてで、毒物又は劇物販売業者は、６年毎に登録の更新を受けなければ、その効力を失うである。

問 17　4
〔解説〕
登録が失効した場合の措置のこと。解答のとおり。

問 18　3
〔解説〕
この設問は毒物又は劇物を運搬する際に他に委託する場合について、荷送人はは運送人に対して、あらかじめ交付する書面に記載する事項は、毒物又は劇物〔①名称、②成分、③含量、④数量、⑤事故の際に講じなければならない応急の措置〕を交付しなければならない。このことから規定していないものは、３が該当する。

問 19　2
〔解説〕
法第 16 条の２第２項は、盗難紛失の措置のことで、毒物又は劇物を盗難あるいは紛失した場合は、その旨を警察署に届け出なければならないと規定している。

問 20　4
〔解説〕
この設問は特定毒物であるモノフルオール酢酸アミドを特定毒物使用者に譲り渡す際に法第３条の２第９項→施行令第 23 条で、青色に着色と規定されている。

問 21　3
〔解説〕
この設問は毒物又は劇物を運搬する車両に掲げる標識のことで、施行令第 40 条の５第２項第二号→施行規則第 13 条の５のこと。解答のとおり。
問 22　4
〔解説〕
法第 15 条の２において毒物又は劇物を廃棄する際に、施行令第 40 条で廃棄方法の技術上の基準が示されている。
問 23　1
〔解説〕
法第５条で毒物又は劇物①製造業者、②輸入業者、③販売業者の登録を受けようとする者の設備基準について、施行規則第４条の４で示されている。なお、この設問は、施行規則第４条の４第１項のことである。
問 24　1
〔解説〕
この法第 24 条の２は、法第３条の３→施行令第 32 条の２における罰則規定である。
問 25　2
〔解説〕
この設問の法第 17 条は立入検査等が示されている。なお、本法第 17 条は、令和２年４月１日より、法第 18 条となる。

※九州全県・沖縄県統一共通においては、毎年８月に行われている試験が台風の影響により、２通りに分かれて試験が実施されました。これに伴い令和元年度は、２つの試験問題作成がされたことで、２つの試験問題を収録いたしました。

九州全県・沖縄県統一共通②〔佐賀県・長崎県・熊本県・大分県・宮崎県・鹿児島県〕

（一般・農業用品目・特定品目共通）

問１　2
〔解説〕
解答のとおり。

問２　2
〔解説〕
この設問は、法第２条第３項→法別表第三に掲げられている特定毒物のことで、２のモノフルオール酢酸アミドが特定毒物。なお、水酸化ナトリウムとクロロホルムは、劇物。水銀は、毒物。

問３　2
〔解説〕
法第３条の３で、みだりに摂取、若しくは吸入、又はこれらの目的で所持してはならないことについて政令で規定されている。→施行令第 32 条の２において、①トルエン、②酢酸エチル、トルエン又はメタノールを含有する接着剤、塗料及び閉そく用又はシーリングの充てん剤である。なお、酢酸エチルについては単独ではない。この規定で該当する場合、酢酸エチル及びメタノールを含有する‥である。

問４　1
〔解説〕
解答のとおり。

問５　1
〔解説〕
法第３条第３項の条文。毒物又は劇物における販売、授与の目的で貯蔵、運搬、陳列について販売業の登録を受けていなければ販売、授与ができないことを規定している。

問６　4
〔解説〕
この設問は特定毒物についてで、イとエが正しい。イは法第３条の２第８項のこと。エは法第３条の２第２項のこと。なお、アについては法第３条の第４項で、特定毒物を学術研究以外の用途に供してはならないと規定されている。これにより誤り。ウは特定毒物を製造できる者は、毒物又は劇物製造業者と、特定毒物研究者の２者のみである。このことから誤り。法第３条の２第１項。

問７　2
〔解説〕
この設問では誤りはどれかとあるので、２が誤り。２における特定品目販売業の登録を受けた者は、法第４条の３第２項→施行規則第４条の３→施行規則別表第二に掲げられている品目のみで、この設問にある特定毒物を販売することはできない。

問８　1
〔解説〕
この設問は施行規則第４条の４第１項における製造所等の設備基準のこと。設問はすべて正しい。

問９　1
〔解説〕
この設問は法第７条及び法第８条のことで、誤っているものはどれかとあるので、１が誤り。１は、法第８条第１項で①薬剤師、②厚生労働省で定める学校で、応用化学を修了した者、③都道府県知事が行う毒物劇物取扱者試験に合格した者は、毒物劇物取扱責任者になることができる。なお、２は法第７条第３項のこと。３は法第８条第２項第一号のこと。４は法第７条第２項のこと。

問10　4
〔解説〕
この設問で正しいのは、ウとエである。ウは、法第10条第1項第二号のこと。エは法第9条第1項における追加申請のこと。設問のとおり。なお、アは、法第10条第1項第一号により、50日以内ではなく、30日以内に届け出なければならない。イは法第21条第1項で、50日以内ではなく、15日以内にその旨を届け出なければならない。
問11　3
〔解説〕
法第11条第4項は、飲食物容器の使用禁止のこと。
問12　1
〔解説〕
法第12条第1項は、毒物又は劇物の容器及び被包についての表示のこと。正しいのは、1である。なお、劇物の場合は、劇物の容器及び被包→「医薬用外」の文字に、白地に赤色をもって「劇物」の文字を表示。
問13　3
〔解説〕
法第12条第2項は、毒物又は劇物の容器及び被包についての表示として掲げる事項は、毒物又は劇物の①名称、②成分及びその含量、③厚生労働省令で定める毒物又は劇物〔有機燐及びこれを含有する製剤〕については、厚生労働省令で定める解毒剤の名称〔①　2－ピリジルアルドキシムメチオダイドの製剤、②　硫酸アトロピンの製剤〕
問14　2
〔解説〕
この設問は、着色する農業用品目のことで法第13条→施行令第39条で①硫酸タリウムを含有する製剤たる劇物、②燐化亜鉛を含有する製剤たる劇物については→施行規則第12条において、あせにくい黒色に着色すると規定されている。このことからアとエが正しい。
問15　1
〔解説〕
この設問は法第14条第2項における毒物又は劇物を販売する際に、譲受人から提出を受けなければならない書面の記載事項とは、①毒物又は劇物の名称及び数量、②販売又は授与の年月日、③譲受人の氏名、職業及び住所(法人の場合は、その名称及び主たる事務所)である。この設問では規定されていないものはどれかとあるので、1の毒物又は劇物の使用目的が該当する。
問16　3
〔解説〕
この設問は、毒物又は劇物販売業者が譲受人から提出を受けた書面の保存期間は、5年間保存と規定されている。
問17　3
〔解説〕
解答のとおり。
問18　2
〔解説〕
この設問は毒物又は劇物を運搬する車両に掲げる標識のことで、施行令第40条の5第2項第二号→施行規則第13条の5のこと。
問19　3
〔解説〕
この設問は毒物又は劇物を運搬する車両に備える保護具のことで、施行令第40条の5第2項第三号→施行規則第13条の6→施行規則別表第五に掲げられている品目にいて保護具を備えなければならない。設問では塩素とあるので施行規則別表第五において、①保護手袋、②保護長ぐつ、③保護衣、④普通ガス用防毒マスクを備えなければならない。
問20　3
〔解説〕
解答のとおり。

問 21　3
〔解説〕
　この設問は毒物又は劇物の性状及び取扱いについて、毒物劇物営業者が販売又は授与する際に情報提供をしなければならないことが施行令第 40 条の 9 で規定されている。正しいのは、イとウである。イについては施行規則第 13 条の 11 で、①文書の交付、②磁気ディスクの交付その他の方法と規定されている。このことからイは設問のとおり。ウは施行令第 40 条の 9 第 2 項のこと。なお、アについては、施行令第 40 条の 9 第 1 項ただし書規定により情報提供をしなくてもよい。エは施行令第 40 条の 9 第 1 項ただし書規定→施行規則第 13 条の 10 において、劇物については 1 回につき 200 ミリグラム以下の場合は情報提供を省略できるが、この設問では、毒物とあるので取扱量の多少にかかわらず情報提供をしなければならない。よって誤り。

問 22　3
〔解説〕
　施行令第 40 条の 9 第 1 項→施行規則第 13 条の 12 において情報提供の内容が規定されている。このことからイとエが正しい。

問 23　3
〔解説〕
　法第 16 条の 2 第 1 項は、事故の際の措置のこと。解答のとおり。なお、この法第 16 条の 2 は、令和 2 年 4 月 1 日から第 17 条となる。

問 24　4
〔解説〕
　この設問で誤っているものはどれかとあるので、4 が誤り。4 の設問には、犯罪捜査上必要があると認めるときは‥とあるが法第 17 条第 5 項において、犯罪捜査のために認められたものと解してはならないと規定されているので誤り。なお、この法第 17 条は、令和 2 年 4 月 1 日から第 18 条となる。

問 25　2
〔解説〕
　この設問は業務上取扱者の届出を要する事業とは、法第 22 条第 1 項→施行令第 41 条及び施行令第 42 条に規定されている。このことからこの設問では定められていない事業とあるので、2 が該当むする。

【令和２年度実施】

（一般・農業用品目・特定品目共通）

問１　２

〔解説〕

アとウが正しい。アは法第２条第１項の毒物。ウは法第２条第３項の特定毒物における定義のこと。

問２　１

〔解説〕

この設問では、毒物はどれかとあるので、１のニコチンが毒物。なお、他のカリウム、ニトロベンゼン、アニリンは劇物。

問３　１

〔解説〕

この設問では誤っているものはどれかとあるので、１が誤り。１の厚生労働大臣ではなく、都道府県知事である。法第４条第１項のこと。

問４　４

〔解説〕

この設問は全て誤り。なお、アは法第 10 条第１項第二号で、この設問にある「あらかじめ」ではなく、30 日以内に、その所在地の都道府県知事に届け出なければならない。イは登録の変更のことで、法第９条第１項により、30 日以内ではなく、あらかじめ、その旨を届け出なければならないである。ウは法第 10 条第１項第４号についてで、50 日以内ではなく、30 日以内に、その所在地の都道府県知事に届け出なければならない。エの特定毒物研究者が、主たる研究所の所在地を変更した場合は、法第 10 条第２項第一号において、この設問にある新たな許可ではなく、30 日以内にその研究所の所在地の都道府県知事に届け出なければならない。

問５　４

〔解説〕

この設問で正しいのは、ウとエである。ウは、登録票又は許可証の再交付は、施行令第 36 条第１項のこと。エは施行令第 36 条第３項に示されている。いずれも設問のとおり。なお、アの一般販売業の登録を受けた者については、販売品目の制限はなく、全ての毒物又は劇物を取り扱うことができる。このことにより、この設問は誤り。イは登録の更新のことで法第４条第３項で、販売業のの登録は、６年ごとに、更新を受けなければならないである。

問６　３

〔解説〕

解答のとおり。

問７　２

〔解説〕

この設問の法第３条の４→施行令第 32 条の３で、①亜塩素酸ナトリウム 30 ％以上、②塩素酸塩類 35 ％以上、③ナトリウム、④ピクリン酸の品目については、業務その他正当な理由を除いて所持してならないと規程されている。このことからこの設問で該当するのは、２の塩素酸塩類である。

問８　１

〔解説〕

この設問では誤っているものはどれかとあるので、１が誤り。１については、輸入業の営業所とあるので、この設問は製造所の設備基準であるので該当しない。この設問は、施行規則第４条の４第１項のこと。

問９　２

〔解説〕

この設問は法第 14 条における毒物又は劇物の譲渡手続のことで、アとウが正しい。アは法第 14 条第１項。ウは法第 14 条第２項→施行規則第 12 条の２のこと。イについては、毒物又は劇物を販売又は授与した後ではなく、その都度、①毒物又は劇物の名称及び数量、②販売又は授与の年月日、③譲受人の氏名、職業及び住所(法人にあつては、その名称及び主たる事務所の所在地)を記載した書面の提出をしなければならない。エは、毒物又は劇物に係わる書面の保存期間、販売又は授与の年月日から５年間保存しなければならないである。

問10　1

〔解説〕

解答のとおり。

問11　4

〔解説〕

法第８条第１項は、毒物劇物取扱責任者の資格のこと。

問12　3

〔解説〕

この設問は法第７条における毒物劇物取扱責任者のことで、イとウが正しい。イは、法第７条第１項のこと。ウは、法第７条第２項のこと。なお、アについては、法第７条第１項ただし書により、毒物劇物取扱責任者を置かなくてもよい。エは、法第７条第３項のことで、50 日以内ではなく、30 日以内に毒物劇物取扱責任者の氏名を届け出なければならない。

問13　1

〔解説〕

この設問の法第 13 条は着色する農業用品目のこと。法第 13 条→施行令第 39 条における品目〔①硫酸タリウムを含有する製剤たる劇物、②燐化亜鉛を含有する製剤たる劇物〕については、施行規則第 12 条で、あせにくい黒色で着色する方法と規定されている。

問14　2

〔解説〕

この設問にある法第 13 条第２項とは、毒物又は劇物における施設以外の防止のこと。解答のとおり。

問15　2

〔解説〕

法第 12 条第１項は、毒物又は劇物の容器及び被包についての表示のこと。２が正しい。なお、１は毒物については、「医薬用外」の文字及び及び毒物については赤地に白色をもつて「毒物」の文字を表示しなければならないである。３については「特定毒物」の文字とあるが、特定毒物は毒物に含まれるので、「医薬用外」の文字及び及び毒物については赤地に白色をもつて「毒物」の文字を表示しなければならないである。４についても２の設問と同様の表示を要する。

問16　4

〔解説〕

この設問は法第 15 条の毒物又は劇物の交付の制限等のこと。ウとエが正しい。ウは法第 15 条第２項。エは法第 15 条第３項→施行規則第 12 条の３のこと。因みに、アは法第 15 条第１項第一号により、18 歳未満の者には交付してはならないと規定されている。よつて誤り。イは法第 15 条第１項第三号により、麻薬、大麻、あへん又は覚せい剤の中毒には交付してはならないと規定されている。

問17　1

〔解説〕

この設問は法第 15 条の２〔廃棄〕→施行令第 40 条〔廃棄の方法〕のこと。解答のとおり。

問18　3

〔解説〕

この設問は施行令第 40 条の５〔運搬方法〕についてで、イとエが正しい。イは、施行令第 40 条の５第２項第二号→施行規則第 13 条の５のこと。エは施行令第 40 条の５第２項第四号のこと。なお、アは施行令第 40 条の５第２項第一号→施行規則第 13 条の４第一号のことで、この設問では３時間とあるが、４時間を超える場合は、車両１台について運転者の他に交替して運転する者を同乗させなければならないである。ウは施行令第 40 条の５第２項第三号で、１名分備えなければならないではなく、２人分以上備えなければならないである。

問19　3

〔解説〕

この設問の法第８条第２項とは、①18 歳未満の者、②心身の障害により毒物劇物取扱責任者の業務を適正に行うことができない者〔施行規則規定されている〕、③麻薬、大麻、あへん又は覚せい剤の中毒者の中毒者、④毒物若しくは劇物又は薬事に関する罪を犯し、罰金以上の刑、その執行を終り、執行がを受けることがなくなった日から３年を経過していない者については、毒物劇物取扱責任者になることができない。

問20　1

〔解説〕

この設問にある施行令第 40 条の６第１項→施行規則第 13 条の７に規定されている。

問21　4

〔解説〕

この設問は毒物又は劇物の情報提供のことで、施行令第 40 条の９第１項→施行規則第 13 条の 12 において、情報提供の内容が規定されている。この設問では誤っているものはどれかとあるので、４の管轄保健所の連絡先については規定されていない。

問22　2

〔解説〕

法第 17 条第２項とは、盗難紛失の措置のこと。解答のとおり。

問23　3

〔解説〕

この設問は法第 22 条第１項→施行令第 41 条及び施行令第 42 条において業務上取扱者の届出を要する事業が規定されている。業務上取扱者とは、①無機シアン化合物たる毒物及びこれを含有する製剤〔電気めっきを行う事業〕、②無機シアン化合物たる毒物及びこれを含有する製剤〔金属熱処理を行う事業〕、③最大積載量 5,000kg 以上大型運送事業〔施行令別表第に掲げる品目〕、④しろありの防除を行う事業。なお、この設問では、定められていないものはどれかとあるので、この３該当する。この設問を見ると内容積 200L 容器の大型自動車に積載している弗化水素を運搬する事業の場合については、施行規則第 13 条の 13 において、1,000L と規定されているので、この設問が誤り。

問24　1

〔解説〕

この設問における法第 22 条第５項とは、業務上非届出者〔届出を要しない者〕のことで、何らかの規制を受ける毒物及び劇物取締法〔法律〕とは、①法第 11 条〔取扱い〕、②法 12 条第１項及び第３項〔表示〕、③法第 17 条〔事故の際の措置〕、④法第 18 条〔立入検査等〕。因みに業務上非届出者〔届出を要しない者〕とは、一般、学校、工場、病院等である。

問25　2

〔解説〕

法第 18 条とは立入検査等のこと。解答のとおり。

【令和３年度実施】

（一般・農業用品目・特定品目共通）

問１　２
〔解説〕
解答のとおり。法第１条〔目的〕

問２　２
〔解説〕
この設問における劇物に該当するものについては、アの過酸化水素が劇物から除外は６％以下を含有するもの。また、ウの水酸化ナトリウムが劇物から除外は５％以下を含有するものであるので、この設問の場合は劇物である。因みに、四アルキル鉛は、毒物〔特定毒物でもある。〕、ホルムアルデヒドについては、１％以下は劇物から除外である。

問３　２
〔解説〕
この設問では、イのみが誤り。イの特定品目販売業の登録を受けた者については、法第４条の３第２項→施行規則第４条の３→施行規則別表第２に掲げられている品目のみである。なお、アは法第４条第３項における登録の更新のこと。ウは法第４条第２項のこと。エは法第４条の３第１項→施行規則第４条の２→施行規則別表第１に掲げられている農業上必要な品目〔毒物又は劇物〕である。、

問４　２
〔解説〕
この設問は、法第７条における毒物劇物取扱責任者のことで、アとウが正しい。アは、法第７条第２項に示されている。また、イは、法第７条第１項に示されている。なお、イの設問では、あらかじめとあるが法第７条第３項に、毒物劇物取扱責任者を置いたとき、または変更した際には、30 日以内に都道府県知事に届け出なければならないである。エの設問では、毒物又は劇物を直接取り扱わないとあるので、法第７条第１項により毒物劇物取扱責任者を置かなくてもよい。ただし、毒物又は劇物の販売業の登録を要する。

問５　３
〔解説〕
この設問は、法第８条における毒物劇物取扱責任者の資格についてで、誤りはどれかとあるので、３が誤り。この設問における農業品目毒物劇物取扱責任者に合格した者は、法第４条の３第１項→施行規則第４条の２→施行規則別表第一に掲げられている農業用品目において、毒物又は劇物の販売又は授与することができる〔法第８条第４項〕。毒物又は劇物製造業の製造所で毒物劇物取扱責任者になることができるのは、一般毒物劇物取扱責任者に合格した者のみである。なお、１は、法第８条第１項第一号。２は、法第８条第２項第一号。４の一般毒物劇物取扱責任者については、販売品目の制限は設けられていない。全ての毒物又は劇物の販売又は授与することができる。設問のとおり。

問６　４
〔解説〕
この設問における法第 10 条における 30 日以内の届け出について定められていないものは、４が該当する。なお、４については法第９条第１項により、あらかじめ登録以外の毒物又は劇物を製造するときは、登録の変更をうけなければならない。このことからこの設問では誤り。

問７　１
〔解説〕
この設問は、法第 14 条の毒物又は劇物の譲渡手続についてで、誤っているのはどれかとあるので、１が誤り。１の設問では毒物劇物営業者が他の毒物劇物営業者に、押印した書面の提出を受けなければとあるが、押印された書面を要しない。よって誤り。ただし、押印した書面の提出を受けなければならないのは、一般の人に毒物又は劇物を販売し、授与した際には押印した書面を要する。〔法第 14 条第２項→施行規則第 12 条の２〕なお、２は、法第 14 条第３項に示されている。３は、法第 14 条第４項に示されている。４は、施行令第 40 条の９第１項〔情報提供〕に示されている。

問８　１
〔解説〕
アとイが正しい。毒物又は劇物を販売する際に、容器及び被包に表示しなければならない事項は、①毒物又は劇物の名称、②毒物又は劇物の成分及びその含量、③厚生労働省令で定める毒物又は劇物〔有機燐化合物及びこれを含有する製剤〕については、解毒剤〔①２－ピリジルアルドキシムメチオダイドの製剤(PAM)、②硫酸アトロピンの製剤〕である。
問９　４
〔解説〕
法第 15 条第２項において、法第３条の４→施行令第 32 条の３で、①亜塩素酸ナトリウム及びこれを含有する製剤 30 %以上、②塩素酸塩類及びこれを含有する製剤 35 %以上、③ナトリウム、④ピクリン酸については、その交付を受ける者の氏名及び住所を確認した後でなければ交付することはできない。なお、この設問で誤っているものとあるので、４が誤り。
問 10　２
〔解説〕
この設問は着色する農業用品目についてで、法第 13 条→施行令第 39 条における①硫酸タリウムを含有する製剤たる劇物、②燐化亜鉛を含有する製剤たる劇物については→施行規則第 12 条で、あせにくい黒色で着色すると定められている。解答のとおり。
問 11　３
〔解説〕
この設問は、毒物又は劇物についての運搬方法についてで、アとウが正しい。アは、施行令第 40 条の５第２項第四号に示されている。ウ施行令第 40 条の５第２項第三号に示されている。なお、イは毒物又は劇物を運搬する車両に掲げる標識についてで、文字を白色として「劇」ではなく、文字を白色として「毒」である。このことは施行規則第 13 条の５に示されている。エは、施行令第 40 条の５第２項第一号→施行規則第 13 条の４において、①連続して運転時間が、４時間を超える場合(ただし、１回が連続 10 分以上、かつ、合計が 30 分以上中断して連続して運転)、②１日当たり９時間を超える場合であることから、この設問は誤り。
問 12　２
〔解説〕
この設問は、法第３条の３で、興奮、幻覚又は麻酔の作用を有する毒物又は劇物として→施行令第 32 条の２において、①トルエン、②酢酸エチル、③トルエン又はメタノールを含有するシンナー、接着剤、塗料及び閉そく用又はシーリングの充てん料について、みだりに摂取し、若しくは吸入し、又はこれらの目的で所持してはならないと示されている。このことからこの設問では、２のトルエンが該当する。なお。１のメタノールは単独では該当しない。
問 13　２
〔解説〕
この設問は、毒物又は劇物を他に委託する際に、荷送人が運送人に対して、あらかじめ交付しなければならない書面の内容は、毒物又は劇物の①名称、②成分、③その含量、④数量、、⑤書面(事故の際に講じなければならない書面)である。これにより正しいのは、アとウである。
問 14　１
〔解説〕
解答のとおり。
問 15　２
〔解説〕
この設問は、施行規則第４条の４における製造所等の設備基準についてで、イのみが誤り。なお、イについては毒物劇物販売業の店舗とあるので、該当しない。ことから誤り。ただし、イは製造所の設備基準としては該当する。

問 16　２
〔解説〕
この設問にある法第 21 条第１項は、登録が失効した場合等の措置のこと。解答のとおり。

問17　3
〔解説〕
この設問は、法第３条の２における特定毒物のことで、イとエが正しい。
イは法第３条の２第８項に示されている。エは法第３条の２第２項に示されてる。なお、アは法第３条の２第１項により、特定毒物を製造することができる。このことから設問は誤り。ウの特定毒物使用者は、その者が使用する特定毒物のみ使用すねことができるが、特定毒物を製造及び輸入することはできない。
問18　4
〔解説〕
特定毒物である四アルキル鉛については、施行令第１条により、①使用者は、石油精製業者、②用途は、ガソリンへの混入と規定されている。
問19　2
〔解説〕
法第17条第2項は毒物又は劇物について、盗難又は紛失の措置のこと。解答のとおり。
問20　3
〔解説〕
この設問は業務上取扱者の届出についてで、イとエが正しい。イは、法第22条第3項に示されている。エは法第22条第1項→施行令第41条第二号及び同第42条第一号→施行規則第18条に示されている。なお、アについては、あらかじめではなく、30日以内に届け出なければならないである(法第22条第1項)。ウについては、施行令第41条第三号により、最大積載量5,000kg以上の固定された容器を用いている場合について、業務上取扱者の届け出を要する。この設問の場合は業務上取扱者に該当しない。
問21　4
〔解説〕
この設問の法第12条は、毒物又は劇物の表示のこと。解答のとおり。
問22　1
〔解説〕
解答のとおり。
問23　1
〔解説〕
この設問は法第18条とは、立入検査等のことで誤っているのは、どれかとあるので1が誤り。1については、法第18条4項において犯罪捜査のために認められたものと解してはならないと示されている。このことから1は誤り。
問24　2
〔解説〕
法第13条の2→施行令第39条において定められている基準〔①その成分の含量、②容器、③被包〕に適合するものではならないと示されている。このことから正しいのは、アとウである。
問25　2
〔解説〕
解毒剤の名称を容器及び被包に表示しなければならない毒物及び劇物ものとは、有機燐化合物及びこれを含有する製剤。その解毒剤とは、①２－ピリジルアルドキシムメチオダイド(別名PAM)の製剤、②硫酸アトロピンの製剤である。

【令和４年度実施】

（一般・農業用品目・特定品目共通）

問１　４

〔解説〕

解答のとおり。

問２　３

〔解説〕

この設問は法第２条の定義のことで、イとウが正しい。イは法第２条第２項のことで、医薬品及び医薬部外品は以外のもの規定されている。よってこの設問は正しい。ウは法第２条第３項の特定毒物のこと。解答のとおり。なお、アの食品添加物は毒物及び劇物には該当しない。エのクロロホルムを含有する製剤は劇物とあるが、クロロホルムは原体のみ劇物に指定されている。このことから誤り。

問３　３

〔解説〕

この設問は、含有する製剤における除外濃度のことで、３の水酸化ナトリウムを 10 ％含有する製剤は劇物。なお、１のアンモニア、２の塩化水素、３の硫酸は 10 ％以下は劇物から除外。

問４　４

〔解説〕

この設問は特定毒物であるモノフルオール酢酸アミドを含有する製剤についての用途及び着色規定のことで、施行令第 22 条〔使用者及び用途〕に用途は、かんきつ類、りんご、なし、桃又はかきの害虫の防除。施行令第 23 条〔着色及び表示〕で、青色に着色すること示されている。解答のとおり。

問５　３

〔解説〕

解答のとおり。

問６　３

〔解説〕

この法第３条の３→施行令第 32 条の２による品目→①トルエン、②酢酸エチル、トルエン又はメタノールを含有する接着剤、塗料及び閉そく用またはシーリングの充てん料は、みだりに摂取、若しくは吸入し、又はこれらの目的で所持してはならい。解答のとおり。

問７　４

〔解説〕

法第３条の４による施行令第 32 条の３で定められている品目は、①亜塩素酸ナトリウムを含有する製剤 30 ％以上、②塩素酸塩類を含有する製剤 35 ％以上、③ナトリウム、④ピクリン酸である。このことから４が正しい。

問８　２

〔解説〕

この設問では誤っているものはどれかとあるので、２が誤り。２は厚生労働大臣ではなく、都道府県知事である。この設問は法第４条〔営業の登録〕にしめされている。

問９　３

〔解説〕

この設問は施行規則第４条の４〔製造所等の設備〕のことであり、誤っているものはどれかとあるので、３が誤り。なお、３の設問について、毒物又は輸入業の営業所については、施行規則第４条の４第２項により該当しない。

問 10　４

〔解説〕

この設問は、ウとエが正しい。ウは施行令第 35 条〔登録票又は許可証の書換え交付〕第１項に示されている。エは施行令第 36 条〔登録票又は許可証の再交付〕第１項に示されている。因みに、アの一般販売業の登録を受けた者は、全ての毒物及び劇物を販売又はし授与することができる。イの設問にあるような毒物又は劇物を販売する際には登録を要しない。

問 11　4
〔解説〕
解答のとおり。法第８条〔毒物劇物取扱責任者の資格〕のこと。
問 12　4
〔解説〕
この設問では、イとエが正しい。イは法第７条第２項〔毒物劇物取扱責任者〕に示されている。エは法第８条第２項第一号〔毒物劇物取扱責任者の資格〕に示されている。なお、アの設問では、毒物又は劇物を直接取り扱わない場合とあることから法第７条第１項で毒物又は劇物を直接取り扱う製造所、営業所又は店舗ごとに毒物劇物取扱責任者を置かなければならないと示されている。このことからこの設問は誤り。ウは法第７条第３項についてで、30 日以内に、その製造所、営業所又は店舗の所在地の都道府県知事にその毒物劇物取扱責任者の氏名を届け出なければならないである。
問 13　4
〔解説〕
この設問は全て誤り。アは法第 10 条第１項第一号〔届出〕により、あらかじめではなく、30 日以内に、その製造所、営業所又は店舗の所在地の都道府県知事にその旨を届け出なければならないである。イは法第 10 条第１項第三号により、アと同様にその旨をその所在地の都道府県知事に届け出なければならないである。ウは法第 10 条第１項第四号により、60 日以内ではなく、30 日以内にその旨を届け出なければならないである。エは法第 10 条第２項第三号〔特定毒物研究者の届出〕により、30 日以内に、その主たる研究所の所在地の都道府県知事に届け出なければならないである。
問 14　2
〔解説〕
この設問は法第 11 条第４項は、飲食物容器の使用禁止のことが示されている。解答のとおり。
問 15　4
〔解説〕
この設問で正しいのは、４である。４は法第 12 条第３項に示されている。なお、１は、文字及び黒地に白色ではなく、文字及び赤地に白色をもって「毒物」の文字である。２は、文字及び赤地に白色ではなく、文字及び白色に赤地をもって「劇物」の文字である。３については特定毒物は毒物であることから「毒物」の文字を表示しなければならないである。なお、１、２及び３は法第 12 条第１項にしめされている。
問 16　4
〔解説〕
解答のとおり。
問 17　3
〔解説〕
この設問は法第 13 条における着色する農業品目のことで、法第 13 条→施行令第 39 条において、①硫酸タリウムを含有する製剤たる劇物、②燐化亜鉛を含有する製剤たる劇物→施行規則第 12 条で、あせにくい黒色に着色しなければならないと示されている。解答のとおり。
問 18　1
〔解説〕
この設問は法第 14 条〔毒物又は劇物の譲渡手続〕についてで、アとイが正しい。アは法第 14 条第１項に示されている。イは法第 14 条第２項に示されている。なお、ウは法第 14 条第２項のことで、いわゆる一般人に毒物又は劇物を販売し、又は授与した場合、法第 14 条第２項→施行規則第 12 条の２において、譲受人が押印した書面を要するである。エは法第 14 条第４項により、販売又は授与の日から５年間、毒物又は劇物に係わる書面を保存しなければならないである。

問 19　3
〔解説〕
　この設問は法第 15 条〔毒物又は劇物の交付の制限等〕についてで、ウとエが正しい。ウは法第 15 条第２項における法第３条の４による施行令第 32 条の３で定められている品目は、①亜塩素酸ナトリウムを含有する製剤 30 %以上、②塩素酸塩類を含有する製剤 35 %以上、③ナトリウム、④ピクリン酸については交付を受ける者の氏名及び住所を確認した後でなければ交付できない。エは法第 15 条第２項→施行規則第 12 条の２の６〔交付を受ける者の確認〕に示されている。なお、アは法第 15 条第１項第一号で、18 歳未満の者に交付してはならないと示されている。イ法第 15 条第１項第三号で麻薬、大麻、あへん又は覚せい剤の中毒者に交付してはならないと示されている。
問 20　2
〔解説〕
　この設問は施行令第 40 条の５〔運搬方法〕で正しいのは、アとエである。アは〔交替して運転する者の同乗〕に示されている。エは施行令第 40 条の５第２項第四号に示されている。なお、イは施行令第 40 条の５第２項第一号→施行規則第 13 条の４第１項第二号により、１日当たり８時間の場合ではなく、１日当たり９時間を超える場合、車両１台について、交替して運転する者を同条させなければならないである。ウは施行令第 40 条の５第２項第二号→施行規則第 13 条の５〔毒物又は劇物を運搬する車両に掲げる標識〕についで、車両の側面ではなく、車両の前後の見やすい箇所に掲げなければならないである。
問 21　1
〔解説〕
　解答のとおり。
問 22　3
〔解説〕
　解答のとおり。法第 17 条第２項とは盗難紛失の措置のこと。
問 23　1
〔解説〕
　解答のとおり。法台 18 条第１項〔立入検査等〕のこと。
問 24　3
〔解説〕
　この設問の法第 22 条は、業務上取扱者の届出を要する事業者で、次のとおり。業務上取扱者の届出を要する事業者とは、①シアン化ナトリウム又は無機シアン化合物たる毒物及びこれを含有する製剤→電気めっきを行う事業、②シアン化ナトリウム又は無機シアン化合物たる毒物及びこれを含有する製剤→金属熱処理を行う事業、③最大積載量 5,000kg 以上の運送の事業、④しろありの防除を行う事業である。よって３が誤り。
問 25　1
〔解説〕
　この設問の法第 22 条第５項は業務上届出を要しない業務上取扱者のことで、法第 11 条〔毒物又は劇物の取扱い〕、法第 12 条第１項〔毒物又は劇物の容器及び被包における表示〕及び法第 12 条第３項〔毒物又は劇物を貯蔵し、又は陳列する場合の表示〕、法第 17 条〔事故の際の措置〕、法第 18 条〔立入検査等〕は適用される。以上のことからこの設問は全て正しい。

【令和５年度実施】

〔法　規〕
（一般・農業用品目・特定品目共通）

問１　２
〔解説〕
この設問では、アとエが正しい。アは法第１条〔目的〕のこと。エは法第２条第３項〔表示・特定毒物〕なお、イは、毒薬以外ではなく、医薬品及び医薬部外品以外のものである。法第１条第１項に示されている。ウは、毒物以外ではなく、医薬品及び医薬部外品以外のものである。法第２条第２項に示されている。

問２　２
〔解説〕
この設問では、劇物に該当する製剤はどれかとあるので、アのクロルピクリンを含有する製剤とウのアニリン塩類が該当する。劇物に含有する製剤は、指定令第２条に示されている。なお、イのニコチンを含有する製剤とエの亜硝酸ブチル及びこれを含有する製剤は、毒物。

問３　３
〔解説〕
この設問では、特定毒物に該当しないものについてで、３のエチレンクロルヒドリンを含有する製剤は、劇物。因みに特定毒物に含有する製剤は、指定令第３条に示されている。

問４　２
〔解説〕
解答のとおり。

問５　２
〔解説〕
この設問は、塩化水素又は硫酸を含有する製剤たる劇物(住宅用の洗浄剤で液体状のものに限る。)については、法第 12 条第２項第四号→施行規則第 11 条の６第二号で、容器及び被包に表示しなければならない事項が示されている。この設問で施行規則第 11 条の６に示されてないものは、２が該当する。

問６　２
〔解説〕
この設問は、法第 11 条〔毒物又は劇物の取扱〕のことで、２が誤り。２については、法第 11 条第４項の飲食物容器の使用禁止であるので、この設問にあるような申請書の届け出はない。

問７　１
〔解説〕
この設問は全て正しい。アは法第３条第３項ただし書規定に示されている。イは法第３条第１項に示されている。ウは法第３条第２項に示されている。エは法第６条の２第１項に示されている。

問８　４
〔解説〕
この設問は、毒物劇物取扱責任者についてで、ウとエが正しい。ウは法第７条第１項〔毒物劇物取扱責任者〕に示されている。エは法第７条第２項〔毒物劇物取扱責任者〕に示されている。なお、アは、法第８条第２項第一号〔毒物劇物取扱責任者の資格〕において、十八歳未満の者と示されていることから、十八歳の者は、毒物劇物取扱責任者になることができる。イは法第７条第１項ただし書規定により、毒物劇物取扱責任者になることができる。

問９　３
〔解説〕
この設問は法第 10 条〔届出〕のことで、イとウが正しい。イは法第 10 条第１項第四号〔届出〕に示されている。ウは法第 10 条第１項第二号〔届出〕に示されている。なお、アについては、法第９条第１項〔登録の変更〕により、あらかじめ法第６条第二号〔登録事項〕において、登録の変更を受けなければならない。エについては、新たに登録の申請をして、廃止届をしなければならない。

問 10　３
〔解説〕
解答のとおり。

問11　4
〔解説〕
法第 14 条第２項〔毒物又は劇物の譲渡手続〕→施行規則第 12 条の２〔毒物又は劇物の譲渡手続に係る書面〕についてで、販売し、又は授与したときその都度書面に記載する事項として、①毒物又は劇物の名称及び数量、②販売又は授与の年月日、③譲受人の氏名、職業及び住所(法人にあっては、その名称及び主たる事務所)→譲受人の押印〔施行規則第 12 条の２〕である。このことからウとエが正しい。
問12　1
〔解説〕
この設問は登録を受けなければならない事業者として誤っているものはどれかとあるので、1が該当する。1については法第 22 条第５項により届出を要しない。
問13　2
〔解説〕
この設問は法第 12 条第２項における容器及び被包についての表示として掲げる事項で、①毒物又は劇物の名称、毒物又は成分及びその含量、③厚生労働省令で定める〔有機燐化合物及びこれを含有する製剤たる毒物又は劇物〕その解毒剤〔２－ピリジルアルドキシム製剤、硫酸アトロピンの製剤〕のこと。このことから２の毒物又は劇物の製造番号が該当しない。
問14　2
〔解説〕
この設問は法第 15〔毒物又は劇物の交付の制限等〕についてで、ウのみが誤り。ウについては、法第 15 条第３号により、毒物又は劇物を交付することはできない。なお、アは、18 歳の者とあるので、法第 15 条第１項第一号において 18 歳未満の者には交付してはならないので、毒物又は劇物を交付することができる。イは法第 15 条第１項第３号に示されている。エは法第 15 条第２項で、法第３条の４→施行令第 32 条の３における①亜硝酸ナトリウムを含有する製剤 30 %以上、②塩素酸塩類 35 %以上、③ナトリウム、④ピクリン酸についてで、設問のとおり。
問15　2
〔解説〕
法第３条の４→施行令第 32 条の３における①亜硝酸ナトリウムを含有する製剤 30 %以上、②塩素酸塩類 35 %以上、③ナトリウム、④ピクリン酸について、常時取引がない場合、帳簿に記載する事項として施行規則第 12 条の３に①交付した劇物の名称、②交付の年月日、③交付を受けた者の氏名及び住所が示されている。このことから２が誤り。
問16　1
〔解説〕
施行令第 40 条〔廃棄の方法〕のこと。解答のとおり。
問17　3
〔解説〕
この設問は法第 18 条〔立入検査等〕のことで、アとエが正しい。アとエは法第 18 条第１項に示されている。なお、イの毒物劇物監視員は法第 18 条第３項→施行規則第 14 条〔身分を示証票〕であることからイは誤り。ウは法第 18 条第４項で、犯罪捜査のために認められたものと解してはならないとあることからこの設問は誤り。
問18　3
〔解説〕
法第３条の４による施行令第 32 条の３で定められている品目は、①亜塩素酸ナトリウムを含有する製剤 30 %以上、②塩素酸塩類を含有する製剤 35 %以上、③ナトリウム、④ピクリン酸である。このことからイとエが正しい。
問19　1
〔解説〕
毒物又は劇物の運搬を他に委託する場合、一回につき 1,000kg を超える際に荷送人が、運送人に対して交付しなければならない書面に記載する事項としとて、①毒物又は劇物の名称、②毒物又は劇物の成分及びその含量、③毒物又は劇物の数量、④事故の際に講じなければならない応急の措置の内容が施行令第 40 条の６〔荷送人の通知義務〕が示されている。このことからこの設問は全て正しい。
問20　4
〔解説〕
この設問で正しいのは、ウとエである。法第 22 条における業務上取扱者の届出を要する事業者とは、次のとおり。業務上取扱者の届出を要する事業者とは、①シアン化ナトリウム又は無機シアン化合物たる毒物及びこれを含有する製剤→電気めっきを行う事業、②シアン化ナトリウム又は無機シアン化合物たる毒物及びこれを含有する製剤→金属熱処理を行う事業、③最大積載量 5,000kg 以上の運送の事業、④砒素化合物たる毒物及びこれを含有する製剤→しろありの防除を行う事業である。以上のことからアは、アジ化ナトリウムを取り扱うとあり誤り。イは、ジメチル硫酸を取扱うとあるので誤り。

問21　1

〔解説〕

この設問における法第３条の２第９項→施行令第 17 条に次の様に示されている。ジメチルメルカプトエチルチオホスフエイトを含有する製剤は、紅色に着色。

問22　1

〔解説〕

この設問は登録の更新について、法第４条第３項に、毒物又は劇物の製造業及び輸入業は、５年ごとに、毒物又は劇物の販売業は、６年ごとに更新を受けなければその効力を失うである。

問23　2

〔解説〕

特定毒物を輸入できる者については、①毒物又は劇物の輸入業者、②特定毒物研究者である。

問24　3

〔解説〕

この設問における法第17条〔事故の際の措置〕第１項のこと。解答のとおり。

問25　4

〔解説〕

この法第３条の３→施行令第32条の２による品目→①トルエン、②酢酸エチル、トルエン又はメタノールを含有する接着剤、塗料及び閉そく用またはシーリングの充てん料は、みだりに摂取、若しくは吸入し、又はこれらの目的で所持してはならい。このことにより、ウとエが正しい。

〔基礎化学編〕

【令和元年度実施】

※九州全県・沖縄県統一共通においては、毎年８月に行われている試験が台風の影響により、２通りに分かれて試験が実施されました。これに伴い令和元年度は、２つの試験問題作成がされたことで、２つの試験問題を収録いたしました。

九州全県・沖縄県統一共通①〔福岡県・沖縄県〕

（一般・農業用品目・特定品目共通）

問 26　2
〔解説〕
石油は混合物、水とアンモニアは化合物

問 27　3
〔解説〕
アはヘンリーの法則、エはヘスの法則である。

問 28　4
〔解説〕
蒸発は液体が気体になる状態変化、凝縮は気体が液体になる状態変化、溶解は固体が溶媒などの別の物質に溶ける変化

問 29　3
〔解説〕
5.0%水酸化ナトリウム水溶液が 1000 cm^3 あったとする。この時の重さは、1000 × 1.04 = 1040 g である。1040 g のうち 5.0%が水酸化ナトリウムの重さであるから、1040 × 0.05 = 52 g が溶質の重さとなる。水酸化ナトリウムの分子量は 40 であるからモル数は 52/40 = 1.3 モル。質量モル濃度は溶媒 1 kg の濃度であるので、溶媒の重さは 1040 − 52 = 988 g であるから、1.3/0.988 = 1.316 mol/kg となる。

問 30　3
〔解説〕
疎水コロイドは少量の電解質を加えるだけで沈殿する。この現象を凝析という。一般的に疎水コロイドのほうが浸水コロイドよりも水への分散が大きく、密度が小さいためチンダル現象を観察しやすい。

問 31　1
〔解説〕
塩の中に H^+を出せるものを酸性塩、OH^-を出せるものを塩基性塩、そのようなものがないものを正塩という。$NaHCO_3$ が酸性塩であるが液性は塩基性であるように液性と名称は関係しない。

問 32　3
〔解説〕
中和の公式は「酸の価数(a)×酸のモル濃度(c_1)×酸の体積(V_1) = 塩基の価数(b)×塩基のモル濃度(c_2)×塩基の体積(V_2)」である。これに代入すると、2 × 0.05 × 10 = 1 × c_2 × 10,　c_2 = 0.10 mol/L

問 33　2
〔解説〕
アルカリ金属は原子番号が大きいほどイオン化傾向が大きくなり、イオン化エネルギーは小さくなる。

問 34　4
〔解説〕
銅と希硝酸の反応のように、希硝酸は酸化剤として働く。

問 35　1
〔解説〕
硫酸と酢酸では硫酸のほうが強い酸であるので pH は小さい。炭酸水素ナトリウムと炭酸ナトリウムでは炭酸ナトリウムのほうがより強い塩基であるので pH が大きい。

問 36　3
〔解説〕
アルコールの分子内脱水は級数が大きいほど起こりやすい、また第一級アルコールでも高温では分子内脱水が進行し、対応するアルケンを生じる。
問 37　3
〔解説〕
反応式よりプロパン 1 モルが燃焼すると二酸化炭素は 3 モル生成する。0.05 モルのプロパンが燃えると 0.15 モルの二酸化炭素が生じる。二酸化炭素の分子量は 44 であるので、$0.15 \times 44 = 6.6$ g 生成する。
問 38　2
〔解説〕
逆性石鹸は洗浄力は劣るものの殺菌作用に優れる石鹸である。
問 39　4
〔解説〕
$-SO_3H$ はスルホ基（スルホン酸基）である。
問 40　4
〔解説〕
一般的に溶液の凝固点は溶媒の凝固点と比べると低い。これを凝固点降下という。

※九州全県・沖縄県統一共通においては、毎年８月に行われている試験が台風の影響により、２通りに分かれて試験が実施されました。これに伴い令和元年度は、２つの試験問題作成がされたことで、２つの試験問題を収録いたしました。

九州全県・沖縄県統一共通②〔佐賀県・長崎県・熊本県・大分県・宮崎県・鹿児島県〕

（一般・農業用品目・特定品目共通）

問 26　3
〔解説〕
同素体とは同じ元素からなる単体で、性質が異なるものである。

問 27　4
〔解説〕
アは蒸留によって分ける。イは再結晶により精製する。エはろ過により分離する。

問 28　4
〔解説〕
アは気化または蒸発。イは凝固。ウは融解。エは昇華である。

問 29　3
〔解説〕
pH が 1 異なると水素イオン濃度は 10 倍異なる。また、pH 7 よりも小さいときは酸性で 7 よりも大きいときはアルカリ性、または塩基性という。

問 30　3
〔解説〕
触媒は反応速度に影響を与えるが、自身は変化を受けない物質である。反応物が濃いほど、分子の接触確率が上がるために反応は早く進行する。

問 31　4
〔解説〕
炎色反応は Li（赤）、Na（黄）、K（紫）、Cu（青緑）、Ca（橙）、Sr（紅）、Ba（黄緑）である。

問 32　4
〔解説〕
モル濃度は次の公式で求める。M = w/m × 1000/v（M はモル濃度：mol/L、w は質量：g、m は分子量または式量、v は体積：mL）これに当てはめればよい。
0.4 = w/40 × 1000/2000,　w = 32 g

問 33　1
〔解説〕
ハロゲンの単体は強い酸化力を持つ。

問 34　2
〔解説〕
鉄の単体が空気酸化を受け、酸化鉄に変化するときに発熱する。単体が化合物になる変化は酸化還元反応である。

問 35　4
〔解説〕
解答のとおり

問 36　4
〔解説〕
$FeS + 2HCl \rightarrow H_2S + FeCl_2$ という反応が起こる。水に溶けやすく空気よりも重い気体は下方置換により捕集する。硫化物の多くは黒色である。

問 37　3
〔解説〕
反応式よりプロパン（分子量 44）1 モルから水（分子量 18）は 4 モル生じる。8.8 g のプロパンのモル数は 8.8/44 = 0.2 モルであるから、生じる水のモル数は 0.2 × 4 = 0.8 モル。よって生じる水の重さは 0.8 × 18 = 14.4 g

問 38　1
〔解説〕
二酸化窒素は赤褐色の刺激臭のある気体。
問 39　2
〔解説〕
解答のとおり
問 40　3
〔解説〕
ダイヤモンドは炭素の単体であるため共有結合により結ばれている。

【令和２年度実施】

（一般・農業用品目・特定品目共通）

問 26　3

〔解説〕

原油からガソリン、灯油、軽油に分離するには蒸留を用いる。

問 27　2

〔解説〕

ベンゼン、ベンジン、プロパンは炭化水素であり化合物である。

問 28　3

〔解説〕

負触媒という言葉は昔存在し、反応を遅くする物質であるが現在はこの言葉は用いず阻害剤に統一されたため、単に触媒と問われたら反応を早くする正触媒を指す。

問 29　4

〔解説〕

塩析は親水コロイドに多量の電解質を加えて沈殿させる操作

問 30　3

〔解説〕

ナトリウムは黄色、カルシウムは橙色、リチウムは赤色の炎色反応を呈する。

問 31　1

〔解説〕

キシレンはベンゼンの水素原子 2 つをメチル基で置換した化合物である。

問 32　3

〔解説〕

ボイルシャルルの法則より、$9.85 \times 10^4 \times 800/(273+27) = 1.01 \times 10^5 \times V/273$、$V = 710$ mL

問 33　1

〔解説〕

中和は酸のモル濃度×酸の価数×酸の体積=塩基のモル濃度×塩基の価数×塩基の体積で求められる。$X \times 2 \times 20 = 0.3 \times 1 \times 40$, $X = 0.3$ mol/L

問 34　2

〔解説〕

10%塩化ナトリウム水溶液 300 mL に含まれている溶質の重さは
$300 \times 0.1 = 30$ g。20%塩化ナトリウム水溶液 200 mL に含まれる溶質の重さは
$200 \times 0.2 = 40$ g。よってこの混合溶液の濃度は
$(30 + 40)/(300 + 200) \times 100 = 14\%$

問 35　2

〔解説〕

解答のとおり

問 36　3

〔解説〕

硫化水素は還元作用を持ち、空気よりも重く水に溶けやすい気体である。

問 37　1

〔解説〕

金は陽イオンに最もなりにくい元素である。

問 38　3

〔解説〕

同素体とは同一の元素からなる単体で性質の異なるものである。

問 39　2

〔解説〕

アニリンはベンゼンの水素をアミノ基に置換した化合物である。

問 40　2

〔解説〕

ブドウ糖は還元作用を持つのでフェーリング反応陽性である。ネスラー試薬はアンモニアの確認、メチルレッドとフェノールフタレインは pH 指示薬である。

【令和３年度実施】

（一般・農業用品目・特定品目共通）

問 26　2

〔解説〕

単体は１種類の原子が集まってできた物質。２種類以上の原子が結合し、集まってできた物質を化合物。単体や化合物などの純物質が集まってできたものを混合物という。

問 27　4

〔解説〕

リン：P、炭素：C、ホウ素：B である。Pt：白金、Ta：タンタル、Be：ベリリウム

問 28　4

〔解説〕

Mg の酸化数は+2、Al は+3、Fe は+3、Mn は+7 である。

問 29　4

〔解説〕

酸化銅はイオン結合、ダイヤモンドは共有結合、塩化カルシウムはイオン結合、鉄は金属結合である。

問 30　2

〔解説〕

$-NH_2$：アミノ基、$-NO_2$：ニトロ基

問 31　1

〔解説〕

電気泳動は電荷をもつコロイド粒子が、自身の持つ電荷と反対符号側の電極に引き付けられること。ブラウン運動はコロイド粒子に溶媒分子がぶつかることで不規則にコロイド粒子が動いている運動のこと。

問 32　1

〔解説〕

気体が固体に、または固体が期待になる状態変化を昇華という。液体が固体になる変化を凝固、気体が液体になる変化を凝縮、液体が期待になる変化を蒸発（気化）、固体が液体になる変化を融解という。

問 33　2

〔解説〕

鉛よりもイオン化傾向の大きい金属が溶解する。Zn と Fe は鉛よりもイオン化傾向が大きく、Cu と Ag は鉛よりもイオン化傾向が小さい。

問 34　4

〔解説〕

炎色反応では Li(赤)、Na(黄)、K(紫)、Cu(青緑)、Ca(橙)、Sr(紅)、Ba(黄緑)を呈する。

問 35　2

〔解説〕

総熱量不変の法則をヘスの法則という。

問 36　4

〔解説〕

ア、イ、ウはすべて直鎖上のブタンであり同一物質である。エのみ分岐差を有する 2-メチルプロパンとなり、ブタンの構造異性体である。

問 37　1

〔解説〕

油脂はグリセリンと脂肪酸のエステルであり、水酸化ナトリウムなどの塩基により加水分解し、高級脂肪酸の塩が生じる。これが石鹸である。石鹸は水溶液中で加水分解して弱塩基性を示す。

問38　3

〔解説〕

モル濃度=(重さ/分子量)×(1000/体積mL)で求められる。(2.0/40)×(1000/200)=0.25

問39　2

〔解説〕

解答のとおり

問40　1

〔解説〕

陽極では酸化反応が起こる。SO_4^{2-}はこれ以上酸化されないので代わりに水が酸化され酸素ガスを発生する。$2H_2O \rightarrow O_2 + 4H^+ + 4e^-$

【令和４年度実施】

（一般・農業用品目・特定品目共通）

問 26　1

〔解説〕

ダイヤモンドは炭素Cの単体、石油とベンジンはどちらも原油から得られる混合物である。

問 27　3

〔解説〕

蒸発は液体が気体になる状態変化、融解は固体が液体になる状態変化、昇華は気体が液体を経ずに固体に、あるいは固体が気体になる状態変化である。

問 28　4

〔解説〕

一般的にハロゲン酸(H-X, Xはハロゲン元素)は、ハロゲンの原子番号が大きいほど強い酸となる。従ってH-Fが弱い酸となり、H-Iが強い酸となる。

問 29　1

〔解説〕

硝酸の窒素原子は酸化数が+5と高く、相手を酸化する能力が高い。特に濃硝酸あるいは発煙硝酸などは強力な酸化剤である。

問 30　2

〔解説〕

原子間結合では、アルミニウムは金属結合、ナフタレン($C_{10}H_{10}$)は共有結合、水酸化ナトリウム(NaOH)はイオン結合(Na^+OH^-)と共有結合(NaO-H)、塩化ナトリウムはイオン結合で結ばれている。分子間結合となると、ナフタレンはファンデルワールス力、水酸化ナトリウムと塩化ナトリウムではイオン結合で結ばれる。

問 31　2

〔解説〕

0.1 mol/Lの酢酸水溶液の電離度が0.01であることから、この溶液の水素イオン濃度$[H^+]$は$0.1 \times 0.01 = 1.0 \times 10^{-3}$ mol/L　となる。よってpHは3となる。

問 32　1

〔解説〕

カリウムK、金Au、鉄Feをイオン化傾向の順に並べると、K>Fe>Auの順となる。

問 33　4

〔解説〕

中和は、酸のモル濃度×酸の価数×酸の体積＝塩基のモル濃度×塩基の価数×塩基の体積、であるから、この式に代入すると、$0.2 \times 2 \times 10 = 0.1 \times 1 \times x$,　$x = 40$ mL

問 34　3

〔解説〕

$120\ g \times 20/100 = 24\ g$

問 35　2

〔解説〕

銅と希硝酸が反応すると一酸化窒素が、濃硝酸と反応させると二酸化窒素が得られる。

問 36　2

〔解説〕

気体の水への溶解度に関する法則をヘンリーの法則という。

問 37　3

〔解説〕

100% = 1,000,000 ppmである。よって100 ppmは0.01 %である。

問 38　2

〔解説〕

-CHOはアルデヒド基である。ビニル基は$-CH=CH_2$である。

問 39　3

〔解説〕

フェノール類とはベンゼン環(C_6H_6)の-Hが-OHに置き換わったものである。アニリン$C_6H_5NH_2$、サリチル酸 HOC_6H_4COOH、安息香酸C_6H_5COOH、ピクリン酸$HOC_6H_2(NO_2)_3$

問40　3
〔解説〕
　二次電池は充電できる電池である。鉛蓄電池は車のバッテリーなどで用いられている。

【令和５年度実施】

（一般・農業用品目・特定品目共通）

問 26　1
〔解説〕
ガソリンは混合物である。

問 27　3
〔解説〕
解答のとおり

問 28　4
〔解説〕
ヨウ化水素（酸）は強酸、シュウ酸は弱酸、水酸化ナトリウムは強塩基である。

問 29　2
〔解説〕
一般的に過マンガン酸カリウムは酸化剤として働く。

問 30　2
〔解説〕
アルミニウムは面心立方格子、ナトリウムとカリウムは耐震立方格子をとる。

問 31　2
〔解説〕
$0.01\ \mathrm{mol/L} = 1.0 \times 10^{-2}\ \mathrm{mol/L}$

問 32　2
〔解説〕
イオン化傾向は次の順である。
Li>**K**>**Ca**>Na>Mg>Al>Zn>Fe>Ni>Sn>Pb>H>**Cu**>Hg>Ag>Pt>**Au**

問 33　4
〔解説〕
酸のモル濃度×酸の価数×酸の体積が、塩基のモル濃度×塩基の価数×塩基の体積と等しいときが中和である。よって $0.1 \times 1 \times 100 = 0.25 \times 1 \times x$ となり、$x = 40$ mL となる。

問 34　2
〔解説〕
問 33 と同様に考える。$x \times 1 \times 20 = 0.2 \times 2 \times 6$, $x = 0.12$ mol/L

問 35　2
〔解説〕
解答のとおり

問 36　2
〔解説〕
解答のとおり

問 37　4
〔解説〕
1 %は 10,000 ppm である。

問 38　2
〔解説〕
$-CH{=}CH_2$ はビニル基である。

問 39　4
〔解説〕
ベンゼンスルホン酸は $-SO_3H$ をクレゾールは -OH を有する芳香族化合物である。

問 40　3
〔解説〕
水素は単結合、窒素は三重結合、エタンは単結合から成る。

〔性質・貯蔵・取扱編〕

【令和元年度実施】

※九州全県・沖縄県統一共通においては、毎年８月に行われている試験が台風の影響により、２通りに分かれて試験が実施されました。これに伴い令和元年度は、２つの試験問題作成がされたことで、２つの試験問題を収録いたしました。

九州全県・沖縄県統一共通①〔福岡県・沖縄県〕

（一般）

問41　4　　問42　3　　問43　1　　問44　2

〔解説〕

問 41　硫酸亜鉛 $ZnSO_4 \cdot 7H_2O$ は、無色無臭の結晶、顆粒または白色粉末、風解性。水に易溶。有機溶媒に不溶。木材防腐剤、塗料、染料、農業用に殺菌剤。**問 42**　酸化バリウム BaO は劇物。無色透明の結晶。水にわずかに溶ける。水と作用すると多量の熱を出しして水酸化バリウムとなる。アルカリ性を呈する。用途は工業用の脱水剤、水酸化物の製造用、釉薬原料に使われる。また試薬、乾燥剤にも用いられる。　**問 43**　アミドチオエートは毒物。淡黄色油状。弱い特異臭がある。アセトン等の有機溶媒に可溶。水に難溶。用途は殺虫剤〔みかん、りんご、なし等のハダンニ類〕　**問 44**　サリノマイシンナトリウムは劇物。白色～淡黄色の結晶性粉末。わずかに臭いがある。酢酸エチルにきわめて溶ける。水にほとんど溶けない。が、ベンゼン、クロロホルム、アセトン、メタノールに溶けやすい。用途は飼料添加物。

問45　3　　問46　2　　問47　1　　問48　4

〔解説〕

問 45　ピクリン酸 $C_6H_2(NO_2)_3OH$：淡黄色の針状結晶で、急熱や衝撃で爆発。金属との接触でも分解が起こる。用途は試薬、染料。　**問 46**　フェノール C_6H_5OH は、無色の針状晶あるいは結晶性の塊りで特異な臭気があり、空気中で酸化され赤色になる。アルコール、エーテル、クロロホルム、水酸化アルカリに溶けるが、石油エーテルには溶けない。　**問 47**　メチルアミン(CH_3NH_2)は劇物。無色でアンモニア臭のある気体。メタノール、エタノールに溶けやすく、引火しやすい。また、腐食が強い。用途は医薬、農薬の原料、染料。　**問 48**　無水クロム酸(CrO_3)は劇物。暗赤色針状結晶。潮解性がある。水に易溶。きわめて強い酸化剤である。腐食性が大きく、酸性である。用途は工業用には酸化剤、また試薬等

問49　1　　問50　2　　問51　3　　問52　4

〔解説〕

問 49　ニッケルカルボニルは毒物。無色の揮発性液体で空気中で酸化される。60℃位いに加熱すると爆発することがある。多量のベンゼンに溶解し、スクラバーを具備した焼却炉の火室へ噴霧して、焼却する燃焼法と多量の次亜塩素酸ナトリウム水溶液を用いて酸化分解。そののち過剰の塩素を亜硫酸ナトリウム水溶液等で分解させ、その後硫酸を加えて中和し、金属塩を水酸化ニッケルとしてで沈殿濾過して埋立死余分する酸化沈殿法。　**問 50**　アクロレイン $CH_2=CHCHO$ 刺激臭のある無色液体、引火性。光、酸、アルカリで重合しやすい。医薬品合成原料。貯法は、反応性に富むので安定剤を加え、空気を遮断して貯蔵。廃棄方法は、1)燃焼法、(ｱ)珪藻土に吸着させ、開放型の焼却炉で焼却。(ｲ)可燃性溶剤に溶かし、火室へ噴霧して焼却。　2)酸化法、過剰の酸性亜硫酸ナトリウム水溶液に混合した後、過剰の還元剤を酸化剤(次亜塩素酸ナトリウム等)で酸化し、水で希釈処理。

問 51　シアン化ナトリウム NaCN は、酸性だと猛毒のシアン化水素 HCN が発生するのでアルカリ性にしてから酸化剤でシアン酸ナトリウム NaOCN にし、余分なアルカリを酸で中和し多量の水で希釈処理する酸化法。水酸化ナトリウム水溶液等でアルカリ性とし、高温加圧下で加水分解するアルカリ法。　**問 52**　過酸化水素水は H_2O_2 の水溶液で、劇物。無色透明な液体。廃棄方法は、多量の水で希釈して処理する希釈法。

問53　2　　問54　1　　問55　3　　問56　4
〔解説〕
問 53　塩素は劇物。常温では窒息性臭気をもつ黄緑色気体。漏えいした場合は漏えい箇所や漏えいした液には消石灰を十分に散布したむしろ、シート等をかぶせ、その上にさらに消石灰を散布して吸収させる。漏えい容器には散布しない。多量にガスが噴出した場所には遠くから霧状の水をかけて吸収させる。　問 54　ニトロベンゼン $C_6H_5NO_2$ は特有な臭いの淡黄色液体。水に難溶。比重 1 より少し大。可燃性。多量の水で洗い流すか、又は土砂、おが屑等に吸着させて空容器に回収し安全な場所で焼却する。　問 55　キシレン $C_6H_4(CH_3)_2$ は、無色透明な液体で o-、m-、p-の 3 種の異性体がある。水にはほとんど溶けず、有機溶媒に溶ける。溶剤。揮発性、引火性。　揮発を防ぐため表面を泡で覆う。　問 56　クロルピクリン CCl_3NO_2 は、無色～淡黄色液体、催涙性、粘膜刺激臭。水に不溶。少量の場合、漏洩した液は布でふきとるか又はそのまま風にさらとて蒸発させる。

問57　3　　問58　2　　問59　4　　問60　1
〔解説〕
問 57　硝酸 HNO_3 は無色の発煙性液体。蒸気は眼、呼吸器などの粘膜および皮膚に強い刺激性をもつ。高濃度のものが皮膚に触れるとガスを生じ、初めは白く変色し、次第に深黄色になる(キサントプロテイン反応)。　問 58　四塩化炭素 CCl_4 は特有の臭気をもつ揮発性無色の液体、水に不溶、有機溶媒に易溶。揮発性のため蒸気吸入により頭痛、悪心、黄疸ようの角膜黄変、尿毒症等。　問 59　N-ブチルピロリジンは、劇物。無色澄明の液体。魚肉腐敗臭がある。アルコール、ベンゼン等の有機溶媒に溶けるが。水とは交わらない。吸入した場合、呼吸器を刺激し、吐き気、嘔吐を起こす。皮膚に触れた場合、皮膚を刺激し、皮膚からも吸収され吸入した場合と同様の中毒症状がでる。　問 60　1

（農業用品目）
問41　2　　問42　1　　問43　3　　問44　4
〔解説〕
問 41　塩素酸カリウム $KClO_3$(別名塩素酸カリ)は、無色の結晶。水に可溶。アルコールに溶けにくい。熱すると酸素を発生する。そして、塩化カリとなり、これに塩酸を加えて熱すると塩素を発生する。用途はマッチ、花火、爆発物の製造、酸化剤、抜染剤、医療用。　問 42　イソキサチオンは有機リン剤、劇物(2 %以下除外)、淡黄褐色液体、水に難溶、有機溶剤に易溶、アルカリには不安定。ミカン、稲、野菜、茶等の害虫駆除。(有機燐系殺虫剤)　問 43　フッ化スルフリル(SO_2F_2)は毒物。無色無臭の気体。沸点-55.38 ℃。水 1 1 に 0.75G 溶ける。アルコール、アセトンにも溶ける。用途は殺虫剤、燻蒸剤。　問 44　メソミル(別名メトミル)は、毒物(劇物は 45 %以下は劇物)。白色の結晶。水、メタノール、アセトンに溶ける。融点 78 ～ 79 ℃。カルバメート剤なので、解毒剤は硫酸アトロピン(PAM は無効)、SH 系解毒剤の BAL、グルタチオン等。
問45　1　　問46　4　　問47　3　　問48　2
〔解説〕
問 45　イミノクタジンは、劇物。白色の粉末(三酢酸塩の場合)。果樹の腐らん病、晩腐病等、麦の斑葉病、芝の葉枯病殺菌する殺菌剤。　問 46　クロルメコートは、劇物、白色結晶で魚臭、非常に吸湿性の結晶。エーテルに不溶。水、アルコールに可溶。用途は植物成長調整剤。4 級アンモニウム塩。　問 47　ディプレテックス(DEP)は、有機リン、劇物、白色結晶、稲や野菜の諸害虫に対する接触性殺虫剤。除外は 10 %以下。　問 48　硫酸タリウム Tl_2SO_4 は、劇物。白色結晶で、水にやや溶け、熱水に易溶、用途は殺鼠剤。硫酸タリウム 0.3 %以下を含有し、黒色に着色され、かつ、トウガラシエキスを用いて著しくからく着味されているものは劇物から除外。

問49　3　　問50　4　　問51　2　　問52　1

〔解説〕

問 49　ダイアジノンは有機リン系化合物であり、有機リン製剤の中毒はコリンエステラーゼを阻害し、頭痛、めまい、嘔吐、言語障害、意識混濁、縮瞳、痙攣など。治療薬は硫酸アトロピンと PAM。　問 50　シアン酸ナトリウム NaOCN は、白色の結晶性粉末、水に易溶、有機溶媒に不溶。熱水で加水分解。劇物。除草剤、有機合成、鋼の熱処理に用いられる。治療薬はチオ硫酸ナトリウム。

問 51　モノフルオール酢酸ナトリウムは有機フッ素系である。有機フッ素化合物の中毒：TCA サイクルを阻害し、呼吸中枢障害、激しい嘔吐、てんかん様痙攣、チアノーゼ、不整脈など。治療薬はアセトアミド。　問 52　リン化亜鉛 Zn_3P_2 は、灰褐色の結晶又は粉末。かすかにリンの臭気がある。ベンゼン、二硫化炭素に溶ける。酸と反応して有毒なホスフィン PH3 を発生。用途は、殺鼠剤。ホスフィンにより嘔吐、めまい、呼吸困難などが起こる。

問53　2　　問54　1　　問55　4　　問56　3

〔解説〕

問 53　EPN は毒物。芳香臭のある淡黄色油状または白色結晶で、水には溶けにくい。一般の有機溶媒には溶けやすい。TEPP 及びパラチオンと同じ有機燐化合物である。可燃性溶剤とともにアフターバーナー及びスクラバーを具備した焼却炉の火室へ噴霧し、焼却する燃焼法。用途は遅効性の殺虫剤として使用される。

問 54　塩素酸ナトリウム $NaClO_3$ は酸化剤なので、希硫酸で HClO3 とした後、これを還元剤中へ加えて酸化還元後、多量の水で希釈処理する還元法。　問 55　硫酸 H_2SO_4 は酸なので廃棄方法はアルカリで中和後、水で希釈する中和法。

問 56　硫酸銅 $CuSO_4$ は、水に溶解後、消石灰などのアルカリで水に難溶な水酸化銅 $Cu(OH)_2$ とし、沈殿ろ過して埋立処分する沈殿法。または、還元焙焼法で金属銅 Cu として回収する還元焙焼法。

問57　4　　問58　3　　問59　1　　問60　2

〔解説〕

問 57　シアン化水素 HCN は、無色の気体または液体(b. p. 25. 6 ℃)、特異臭(アーモンド様の臭気)、弱酸、水、アルコールに溶ける。毒物。貯法は少量なら褐色ガラス瓶、多量なら銅製シリンダーを用い日光、加熱を避け、通風の良い冷所に保存。　問 58　ブロムメチル CH_3Br は可燃性・引火性が高いため、火気・熱源から遠ざけ、直射日光の当たらない換気性のよい冷暗所に貯蔵する。耐圧等の容器は錆防止のため床に直置きしない。　問 59　ホストキシン(リン化アルミニウム AlP とカルバミン酸アンモニウム $H_2NCOONH_4$ を主成分とする。)は、ネズミ、昆虫駆除に用いられる。リン化アルミニウムは空気中の湿気で分解して、猛毒のリン化水素 PH_3(ホスフィン)を発生する。空気中の湿気に触れると徐々に分解して有毒なガスを発生するので密閉容器に貯蔵する。使用方法については施行令第 30 条で規定され、使用者についても施行令第 18 条で制限されている。

問 60　ロテノンは酸素によって分解するので、空気と光線を遮断して貯蔵する。

（特定品目）

問41　3　　問42　4　　問43　1　　問44　2

〔解説〕

問 41　トルエン $C_6H_5CH_3$ は、劇物。無色透明でベンゼン様の臭気がある液体。沸点は 110. 6 ℃で、エーテル、アセトンに混和する。用途は爆薬、染料、香料、合成高分子材料などの原料、溶剤、分析用試薬として用いられる。　問 42　一酸化鉛 PbO(別名密陀僧、リサージ)は劇物。赤色～赤黄色結晶。重い粉末で、黄色から赤色の間の様々なものがある。水にはほとんど溶けない。用途はゴムの加硫促進剤、顔料、試薬等。　問 43　過酸化水素 H_2O_2：無色無臭で粘性の少し高い液体。徐々に水と酸素に分解する。酸化力、還元力をもつ。漂白、医薬品、化粧品の製造。　問 44　四塩化炭素(テトラクロロメタン)CCl_4 は、特有な臭気をもつ不燃性、揮発性無色液体、水に溶けにくく有機溶媒には溶けやすい。用途は洗濯剤、清浄剤の製造などに用いられる。

問45　4　　問46　1　　問47　3　　問48　2

〔解説〕

問45　アンモニア NH_3 は、常温では無色刺激臭の気体、冷却圧縮すると容易に液化する。水、エタノール、エーテルに可溶。強いアルカリ性を示し、腐食性は大。水溶液は弱アルカリ性を呈する。　問46　塩素 Cl_2 は劇物。黄緑色の気体で激しい刺激臭がある。冷却すると、黄色溶液を経て黄白色固体。水にわずかに溶ける。沸点-34.05℃。強い酸化力を有する。極めて反応性が強く、水素又はアセチレンと爆発的に反応する。水分の存在下では、各種金属を腐食する。水溶液は酸性を呈する。粘膜接触により、刺激症状を呈する。　問47　硅弗化ナトリウムは劇物。無色の結晶。水に溶けにくい。アルコールに溶けない。酸と接触すると弗化水素ガス、四弗化硅素ガスを発生する。　問48　硫酸 H_2SO_4 は、劇物。無色無臭澄明な油状液体、腐食性が強い、比重 1.84、水、アルコールと混和するが発熱する。空気中および有機化合物から水を吸収する力が強い。

問49　2　　問50　1　　問51　4　　問52　3

〔解説〕

問49　塩素ガスは多量のアルカリに吹き込んだのち、希釈して廃棄するアルカリ法。必要な場合(例えば多量の場合など)にはアルカリ処理法で処理した液に還元剤(例えばチオ硫酸ナトリウム水溶液など)の溶液を加えた後中和する。その後多量の水で希釈して処理する還元法。　問50　水酸化カリウム KOH は、強塩基なので希薄な水溶液として酸で中和後、水で希釈処理する中和法。　問51　クロロホルム $CHCl_3$ は含ハロゲン有機化合物なので廃棄方法はアフターバーナーとスクラバーを具備した焼却炉で焼却する燃焼法。　問52　クロム酸ナトリウムは十水和物が一般に流通。十水和物は黄色結晶で潮解性がある。水に溶けやすい。また、酸化性があるので工業用の酸化剤などに用いられる。廃棄方法は還元沈殿法を用いる。

問53　4　　問54　2　　問55　3　　問56　1

〔解説〕

問53　クロム酸塩を誤飲すると口腔や食道が侵され赤黄色に変化する。このクロムが皮膚を酸化することでクロムは 3 価になり、緑色に変色する。　問54　硝酸 HNO_3 は無色の発煙性液体。蒸気は眼、呼吸器などの粘膜および皮膚に強い刺激性をもつ。高濃度のものが皮膚に触れるとガスを生じ、初めは白く変色し、次第に深黄色になる(キサントプロテイン反応)。　問55　キシレン $C_6H_4(CH_3)_2$ は、無色透明な液体。水に不溶。毒性は、はじめに短時間の興奮期を経て、深い麻酔状態に陥ることがある。　問56　ホルムアルデヒドを吸引するとその蒸気は鼻、のど、気管支、肺などを激しく刺激し炎症を起こす。

問57　3　　問58　4　　問59　2　　問60　1

〔解説〕

解答のとおり。

※九州全県・沖縄県統一共通においては、毎年８月に行われている試験が台風の影響により、２通りに分かれて試験が実施されました。これに伴い令和元年度は、２つの試験問題作成がされたことで、２つの試験問題を収録いたしました。

九州全県・沖縄県統一共通②〔佐賀県・長崎県・熊本県・大分県・宮崎県・鹿児島県〕

（一般）

問41　2　　問42　４　　問43　３　　問44　１

〔解説〕

問 41　アクリルアミドは無色の結晶。土木工事用の土質安定剤、接着剤、凝集沈殿促進剤などに用いられる。　問 42　水酸化ナトリウム(別名：苛性ソーダ)NaOH は、白色結晶性の固体。水と炭酸を吸収する性質が強い。空気中に放置すると、潮解して徐々に炭酸ソーダの皮層を生ずる。動植物に対して強い腐食性を示す。用途は、染料その他有機合成原料、塗料などの溶剤、燃料、試薬、標本の保存用。　問 43　リン化水素 PH3 は、毒物。別名ホスフィンは腐魚臭様の無色気体。水にわずかに溶ける。酸素及びハロゲンと激しく反応する。用途は半導体工業におけるドーピングガス。　問 44　四アルキル鉛は特定毒物。無色透明な液体。芳香性のある甘味あるにおい。水より重い。水にはほとんど溶けない。用途は、自動車ガソリンのオクタン価向上剤。

問45　４　　問46　2　　問47　1　　問48　３

〔解説〕

問 45　黄リン P_4 は、無色又は白色の蝋様の固体。毒物。別名を白リン。暗所で空気に触れるとリン光を放つ。水、有機溶媒に溶けないが、二硫化炭素には易溶。湿った空気中で発火する。空気に触れると発火しやすいので、水中に沈めてビンに入れ、さらに砂を入れた缶の中に固定し冷暗所で貯蔵する。　問 46　弗化水素 HF は毒物。不燃性の無色液化ガス。激しい刺激性がある。ガスは空気より重い。空気中の水や湿気と作用して白煙を生じる。また、強い腐食性を示す。水にきわめて溶けやすい。用途は、ガラスの目盛り字画、化学分析。銅、鉄、コンクリートまたは木製のタンクにゴム、鉛、ポリ塩化ビニルあるいはポリエチレンのライニングをほどこしたものに貯蔵する。火気厳禁。　問 47　クロロホルム $CHCl_3$ は、無色、揮発性の液体で特有の香気とわずかな甘みをもち。麻酔性がある。空気中で日光により分解し、塩素 Cl_2、塩化水素 HCl、ホスゲン $COCl_2$、四塩化炭素 CCl_4 を生じるので、少量のアルコールを安定剤として入れて冷暗所に保存。　問48　カリウム K は、劇物。銀白色の光輝があり、ろう様の高度を持つ金属。カリウムは空気中では酸化され、ときに発火することがある。カリウムやナトリウムなどのアルカリ金属は空気中の酸素、湿気、二酸化炭素と反応する為、石油中に保存する。カリウムの炎色反応は赤紫色である。

問49　1　　問50　４　　問51　２　　問52　３

〔解説〕

問 49　クロルピクリン CCl_3NO_2 は、無色～淡黄色液体、催涙性、粘膜刺激臭。水に不溶。少量の界面活性剤を加えた亜硫酸ナトリウムと炭酸ナトリウムの混合溶液中で、攪拌し分解させたあと、多量の水で希釈して処理する。　問 50　硫化カドミウム(カドミウムイエロー)CdS は黄橙色粉末または結晶。水に難溶。熱硝酸、熱濃硫酸に溶ける。用途は顔料。廃棄法は、固化隔離法又は焙焼法である。

問 51　トルエンは可燃性の溶液であるから、これを珪藻土などに付着して、焼却する燃焼法。　問 52　塩化亜鉛 $ZnCl_2$ は水に易溶なので、水に溶かして消石灰などのアルカリで水に溶けにくい水酸化物にして沈殿ろ過して埋立処分する沈殿法。

問53　2　　問54　３　　問55　１　　問56　4

〔解説〕

解答のとおり。

問57　3　　問58　2　　問59　4　　問60　1
〔解説〕
問 57　シュウ酸$(COOH)_2 \cdot 2H_2O$ は無色の柱状結晶、風解性、還元性、漂白剤、鉄さび落とし。無水物は白色粉末。水、アルコールに可溶。エーテルには溶けにくい。また、ベンゼン、クロロホルムにはほとんど溶けない。シュウ酸の中毒症状：血液中のカルシウムを奪取し、神経系を侵す。胃痛、嘔吐、口腔咽喉の炎症、腎臓障害。　問 58　三酸化二砒素 AS_2O_3(別名亜砒酸)は、毒物。無色で、結晶性の物質。200 度に熱すると溶解せずに昇華する。水にわずかに溶けて、亜砒酸を生ずる。苛性アルカリには容易に溶け、亜砒酸のアルカリ塩を生ずる。用途は医薬用、工業用、砒酸塩の原料。殺虫剤、殺鼠剤、除草剤等。吸入した場合は、鼻、のど、気管支等の粘膜を刺激し、頭痛、めまい、悪心、チアノーゼを起こす。はなはだしい場合には血色素尿を排泄し、肺水腫を起こし、呼吸困難を起こす。治療薬は、亜硝酸ナトリウム、チオ硫酸ナトリウム。　　　問 59　PAP(フェントエート)は、劇物、有機リン製剤で殺虫剤(稲のニカメイチュウ、ツマグロヨコバイなどの駆除)、赤褐色油状、3 %以下は劇物除外。有機リン剤なので解毒は硫酸アトロピンや PAM。有機リン製剤の中毒：コリンエステラーゼを阻害し、頭痛、めまい、嘔吐、言語障害、意識混濁、縮瞳、痙攣など。　問 60　クロルメチル(CH_3Cl)は、劇物。無色のエータル様の臭いと、甘味を有する気体。水にわずかに溶け、圧縮すれば液体となる。空気中で爆発する恐れがあり、濃厚液の取り扱いに注意。クロルメチル、ブロムエチル、ブロムメチル等と同様な作用を有する。したがって、中枢神経麻酔作用がある。処置として新鮮な空気中に引き出し、興奮剤、強心剤等を服用するとよい。

（農業用品目）

問41　4　　問42　1　　問43　2　　問44　3
問45　2　　問46　削除　問47　1　　問48　4
〔解説〕
問41、問45　N-メチル-1-ナフチルカルバメート(NAC)は、:劇物。白色無臭の結晶。水に極めて溶にくい。(摂氏 30 ℃で水 100mL に 12mg 溶ける。)アルカリに不安定。常温では安定。有機溶媒に可溶。廃棄法はそのまま焼却炉で焼却するか、可燃性溶剤とともに焼却炉の火室へ噴霧し焼却する焼却法。又は、水酸化カリウム水溶液等と加温して加水分解するアルカリ法。問 42　カルタップは、劇物。無色の結晶。水、メタノールに溶ける。廃棄法は：そのままあるいは水に溶解して、スクラバーを具備した焼却炉の火室へ噴霧し、焼却する焼却法。問 43、問 47　DDVP は劇物。刺激性があり、比較的揮発性の無色の油状の液体。水に溶けにくい。廃棄方法は木粉(おが屑)等に吸収させてアフターバーナー及びスクラバーを具備した焼却炉で焼却する燃焼法と 10 倍量以上の水と攪拌しながら加熱乾留して加水分解し、冷却後、水酸化ナトリウム等の水溶液で中和するアルカリ法。問 44、問 48　弗化亜鉛は、劇物。四水和物は、白色結晶。水にきわめて溶けにくい。酸、アンモニア水に可溶。廃棄法は、セメントを用いて固化し、埋め立て処分する固化隔離法。
問49　2　　問50　1　　問51　3
〔解説〕
問 49　シアン化第一銅は、毒物。別名シアン化銅、青化第一銅。白色半透明の結晶性粉末。水には溶けない。塩酸、アンモニア水、シアン化カリウム溶液に溶ける。用途は鍍金用。吸入した場合、シアン中毒(頭痛、めまい、悪心、意識不明、呼吸麻痺等)、また皮膚に触れた場合は、皮膚より吸収されシアン中毒を起こす。解毒剤としては、ヒドロキソコバラミンを用いる。　　問 50　フェノブカルブ(BPMC)は、劇物。無色透明の液体またはプリズム状結晶で、水にほとんど溶けないが、クロロホルムに溶ける。中毒症状が発現した場合には、至急医師による硫酸アトロピン製剤を用いた適切な解毒手当を受ける。　　問 51　パラコートは、毒物で、ジピリジル誘導体で無色結晶、水によく溶け低級アルコールに僅かに溶ける。融点 300 度。金属を腐食する。不揮発性である。除草剤。4 級アンモニウム塩なので強アルカリでは分解。消化器障害、ショックのほか、数日遅れて肝臓、腎臓、肺等の機能障害を起こす。

問52　4
〔解説〕
硫酸タリウム Tl_2SO_4 は、劇物。白色結晶で、水にやや溶け、熱水に易溶、用途は殺鼠剤。疝痛、嘔吐、振戦、痙攣等の症状に伴い、しだいに呼吸困難となり、虚脱症状となる。解毒剤は、ヘキサシアノ鉄（Ⅱ）酸鉄（Ⅲ）水和物（プルシアンブルー）

問53　1　　問54　4　　問55　3　　問56　2
〔解説〕
問53　塩素酸カリウム $KClO_3$ は、無色の結晶。水に可溶、アルコールに溶けにくい。漏えいの際の措置は、飛散したもの還元剤（例えばチオ硫酸ナトリウム等）の水溶液に希硫酸を加えて酸性にし、この中に少量ずつ投入する。反応終了後、反応液を中和し多量の水で希釈して処理する還元法。　問54　ピロリン酸亜鉛は、劇物。三水和物は、白色結晶。水に溶けにくい。酸、アルカリに可溶。廃棄法は、セメントを用いて固化し、埋め立て処分する固化隔離法。　問55　イソプロカルブは、劇物。1.5 ％を超えて含有する製剤は劇物から除外。白色結晶性の粉末。水に溶けない。アセトン、メタノール、酢酸エチルに溶ける。廃棄法はそのまま焼却炉で焼却する（燃焼法）と水酸化ナトリウム水溶液等と加温して加水分解するアルカリ法がある。　問56　塩化銅（Ⅱ）$CuCl_2 \cdot 2H_2O$ は劇物。無水物と二水和物がある。一般に二水和物が流通。二水和物は緑色結晶。潮解性がある。水、エタノール、メタノールに可溶。廃棄方法は、水に溶かし、消石灰、ソーダ灰等の水溶液を加えて処理し、沈殿ろ過して埋立処分する沈殿法。

問57　4　　問58　3　　問59　1　　問60　2
〔解説〕
問57　カズサホスは、10 ％を超えて含有する製剤は毒物、10 ％以下を含有する製剤は劇物。硫黄臭のある淡黄色の液体。用途は殺虫剤（野菜等のネコブセンチュウ等の防除に用いられる。）。　問58　イミダクロプリドは劇物。弱い特異臭のある無色結晶。水にきわめて溶けにくい。マイクロカプセル製剤の場合、12 ％以下を含有するものは劇物から除外。用途は野菜等のアブラムシ等の殺虫剤（クロロニコチニル系農薬）。　問59　ジメチルビンホスは、劇物。微粉末結晶。キシレン、アセトン等によく溶ける。用途は、稲のニカメイチュウ、キャッベツのアオムシ等の殺虫剤として用いられる。　問60　ブラストサイジン S は、白色針状結晶、融点 250 ℃以上で徐々に分解。水に可溶、有機溶媒に難溶。pH5 ～ 7 で安定。塩基性抗カビ抗生物質で、稲のイモチ病に用いる。劇物。

（特定品目）

問41　4　　問42　3　　問43　1　　問44　2
〔解説〕
問41　水酸化ナトリウム（別名：苛性ソーダ）NaOH は、白色結晶性の固体。水と炭酸を吸収する性質が強い。空気中に放置すると、潮解して徐々に炭酸ソーダの皮層を生ずる。動植物に対して強い腐食性を示す。用途は、染料その他有機合成原料、塗料などの溶剤、燃料、試薬、標本の保存用。　問42　塩素 Cl_2 は、常温においては窒息性臭気をもつ黄緑色気体. 冷却すると黄色溶液を経て黄白色固体となる。融点はマイナス 100.98 ℃、沸点はマイナス 34 ℃である。用途は酸化剤、紙パルプの漂白剤、殺菌剤、消毒薬。　問43　重クロム酸カリウム $K_2Cr_2O_7$ は、橙赤色柱状結晶。水にはよく溶けるが、アルコールには溶けない。用途として強力な酸化剤、焙染剤、製革用、電池調整用、顔料原料、試薬。　問44　ホルマリンは無色透明な刺激臭の液体、低温ではパラホルムアルデヒドの生成により白濁または沈殿が生成することがある。用途はフィルムの硬化、樹脂製造原料、試薬・農薬等。１％以下は劇物から除外。

問45　4　　問46　1　　問47　2　　問48　3

〔解説〕

問 45　トルエン $C_6H_5CH_3$(別名トルオール、メチルベンゼン)は劇物。特有な臭いの無色液体。水に不溶。比重 1 以下。可燃性。蒸気は空気より重い。揮発性有機溶媒。麻酔作用が強い。　問 46　ケイフッ化ナトリウム $Na_2[SiF_6]$は無色の結晶。水に溶けにくく、酸により有毒な HF と SiF4 を発生。用途は釉薬、試薬。

問 47　硫酸モリブデン酸クロム酸鉛(別名モリブデン赤、クロムバーミリオン)は、劇物。橙色又は赤色粉末。水にほとんど溶けない。酸、アルカリに可溶。用途は顔料。　問48　四塩化炭素(テトラクロロメタン)CCl_4 は、劇物。揮発性、麻酔性の芳香を有する無色の重い液体。水に溶けにくく有機溶媒には溶けやすい。強熱によりホスゲンを発生。蒸気は空気より重く、低所に滞留する。溶剤として用いられる。

問49　3　　問50　4　　問51　2　　問52　1

〔解説〕

問 49　塩化水素 HCl は酸性なので、石灰乳などのアルカリで中和した後、水で希釈する中和法。　問 50　重クロム酸塩なので橙赤色で水に易溶だが、重クロム酸アンモニウム$(NH_4)_2Cr_2O_7$ は自己燃焼性がある。廃棄法は希硫酸に溶かし、遊離させ還元剤の水溶液を過剰に用いて還元したのち、消石灰、ソーダ灰等の水溶液で処理し沈殿濾過する還元沈殿法。　問 51　メチルエチルケトン $CH_3COC_2H_5$ は、アセトン様の臭いのある無色液体。引火性。有機溶媒。廃棄方法は、C, H, O のみからなる有機物なので燃焼法。　問 52　一酸化鉛 PbO は、水に難溶性の重金属なので、そのままセメント固化し、埋立処理する固化隔離法。

問53　2　　問54　1　　問55　3　　問56　4

〔解説〕

問 53　クロム酸塩を誤飲すると口腔や食道が侵され赤黄色に変化する。このクロムが皮膚を酸化することでクロムは 3 価になり、緑色に変色する。　問 54　メタノール CH_3OH は特有な臭いの無色液体。水に可溶。可燃性。染料、有機合成原料、溶剤。　メタノールの中毒症状：吸入した場合、めまい、頭痛、吐気など、はなはだしい時は嘔吐、意識不明。中枢神経抑制作用。飲用により視神経障害、失明。　問 55　過酸化水素 H_2O_2：無色無臭で粘性の少し高い液体。徐々に水と酸素に分解する。酸化力、還元力をもつ。皮膚に触れた場合、やけど(腐食性薬傷)を起こす。漂白、医薬品、化粧品の製造。　問 56　シュウ酸$(COOH)_2$・$2H_2O$ は、劇物(10 %以下は除外)、無色稜柱状結晶。血液中のカルシウムを奪取し、神経系を侵す。胃痛、嘔吐、口腔咽喉の炎症、腎臓障害。

問57　3　　問58　4　　問59　2　　問60　1

〔解説〕

問57　トルエンが少量漏えいした液は、土砂等に吸着させて空容器に回収する。多量に漏えいした液は、土砂等でその流れを止め、安全な場所に導き、液の表面を泡で覆いできるだけ空容器に回収する　　問 58　硝酸が少量漏えいしたとき、漏えいした液は土砂等に吸着させて取り除くか、又はある程度水で徐々に希釈した後、消石灰、ソーダ灰等で中和し、多量の水を用いて洗い流す。また多量に漏えいした液は土砂等でその流れを止め、これに吸着させるか、又は安全な場所に導いて、遠くから徐々に注水してある程度希釈した後、消石灰、ソーダ灰等で中和し多量の水を用いて洗い流す。　問 59　クロロホルム(トリクロロメタン)$CHCl_3$ は、無色、揮発性の液体で特有の香気とわずかな甘みをもち、麻酔性がある。水に不溶、有機溶媒に可溶。比重は水より大きい。揮発性のため風下の人を退避。できるだけ回収したあと、水に不溶なため中性洗剤などを使用して洗浄。

問 60　クロム酸ナトリウムが漏えいしたときは、飛散したものは空容器にできるだけ回収し、そのあとを還元剤（硫酸第一鉄等）の水溶液を散布し、消石灰、ソーダ灰等の水溶液で処理したのち、多量の水を用いて洗い流す。この場合、濃厚な廃液が河川等に排出されないよう注意する。

【令和２年度実施】

（一般）

問41　3　**問42**　4　**問43**　2　**問44**　1

〔解説〕

問 41　ケイフッ化水素酸 H_2SiF_6 は、劇物。無色透明、刺激臭、発煙性液体。用途はセメントの硬化促進剤、メッキの電解液。鉄製容器に貯蔵。**問 42**　亜塩素酸ナトリウム $NaClO_2$ は劇物。白色の粉末。水に溶けやすい。加熱、摩擦により爆発的に分解する。用途は繊維、木材、食品等の漂白剤。　**問 43**　酢酸エチルは無色で果実臭のある可燃性の液体。その用途は主に溶剤や合成原料、香料に用いられる。　**問 44**　塩化亜鉛（別名　クロル亜鉛）$ZnCl_2$ は劇物。白色の結晶。空気にふれると水分を吸収して潮解する。用途は脱水剤、木材防臭剤、脱臭剤、試薬。

問45　3　**問46**　2　**問47**　1　**問48**　4

〔解説〕

ニトロベンゼン $C_6H_5NO_2$ は、劇物。特有な臭い(苦扁桃様)の淡黄色液体。水に難溶。比重 1 より少し大。可燃性。**問 46**　塩化水素(HCl)は劇物。常温で無色の刺激臭のある気体である。水、メタノール、エーテルに溶ける。湿った空気中で発煙し塩酸になる。　**問 47**　アクリルニトリル $CH_2=CHCN$ は、僅かに刺激臭のある無色透明な液体。引火性。有機シアン化合物である。硫酸や硝酸など強酸と激しく反応する。　**問 48**　シアン化ナトリウム NaCN は毒物：白色粉末、粒状またはタブレット状。別名は青酸ソーダという。水に溶けやすく、水溶液は強アルカリ性である。空気中では湿気を吸収し、二酸化炭素と作用して、有毒なシアン化水素を発生する。

問49　4　**問50**　1　**問51**　3　**問52**　2

〔解説〕

問 49　水銀 Hg は、毒物。常温で液状の金属。金属光沢を有する重い液体。廃棄法は、そのまま再利用するため蒸留する回収法。　**問 50**　ホスゲンは独特の青草臭のある無色の圧縮液化ガス。蒸気は空気より重い。廃棄法はアルカリ法：アルカリ水溶液(石灰乳又は水酸化ナトリウム水溶液等)中に少量ずつ滴下し、多量の水で希釈して処理するアルカリ法。　**問 51**　2-クロロニトロベンゼンは、劇物。黄色の結晶で 32 ～ 33 ℃。沸点 244.5 ℃。水に不溶。アルコールベンゼン、エーテルに溶ける。廃棄法はアフターバーナー及びスクラバーを具備した焼却炉で少量ずつ焼却する燃焼法。スクラバーの洗浄液にはアルカリ溶液を用いる。燃焼法の焼却炉は有機ハロゲン化合物を焼却するものに適したものとする。燃焼温度は 1100 ℃以上とする。　**問 52**　塩化第一錫は、劇物。二水和物が一般に流通している。二水和物は無色結晶で潮解性がある。水に溶けやすい。塩酸、エタノールに可溶。廃棄法は水に溶かし、消石灰、ソーダ灰等の水溶液を加えて処理し、沈殿ろ過して埋立処分する沈殿法。

問53　4　**問54**　3　**問55**　1　**問56**　2

〔解説〕

解答のとおり。

問57　2　**問58**　1　**問59**　4　**問60**　3

〔解説〕

問 57　黄リン P_4 は、無色又は白色の蝋様の固体。毒物。別名を白リン。暗所で空気に触れるとリン光を放つ。水、有機溶媒に溶けないが、二硫化炭素には易溶。湿った空気中で発火する。空気に触れると発火しやすいので、水中に沈めてビンに入れ、さらに砂を入れた缶の中に固定し冷暗所で貯蔵する。　**問 58**　ベタナフトール $C_{10}H_7OH$ は、無色～白色の結晶、石炭酸臭、水に溶けにくく、熱湯に可溶。有機溶媒に易溶。遮光保存(フェノール性水酸基をもつ化合物は一般に空気酸化や光に弱い)。　**問 59**　水酸化ナトリウム(別名：苛性ソーダ)NaOH は、白色結晶性の固体。水と炭酸を吸収する性質が強い。空気中に放置すると、潮解して徐々に炭酸ソーダの皮層を生ずる。貯蔵法については潮解性があり、二酸化炭素と水を吸収する性質が強いので、密栓して貯蔵する。　**問 60**　ブロムメチル CH_3Br(臭化メチル)は、常温では気体なので、圧縮冷却して液化し、圧縮容器に入れ、直射日光、その他温度上昇の原因を避けて、冷暗所に貯蔵する。

（農業用品目）

問41　4　**問42**　2　**問43**　3　**問44**　1

〔解説〕

問 41　リン化亜鉛 Zn_3P_2 は、灰褐色の結晶又は粉末。かすかにリンの臭気がある。水、アルコールには溶けないが、ベンゼン、二硫化炭素に溶ける。酸と反応して有毒なホスフィン PH3 を発生。劇物、1 %以下で、黒色に着色され、トウガラシエキスを用いて著しくからく着味されているものは除かれる。　**問42**　S-メチル-N[(メチルカルバモイイル)-オキシ]-チオアセイミデート（別名　メトミル）は、カルバメート剤で劇物、白色結晶、殺虫剤(キャベツのアブラムシ、アオムシ、ヨトウムシなどの駆除)。水、アセトン、メタノールに溶ける。　**問 43**　イミダクロプリドは、劇物。弱い特異臭のある無色の結晶。水にきわめて溶けにくい。用途は、野菜等のアブラムシ類等の害虫を防除する農薬。（クロロニコチル系殺虫剤）　**問 44**　イソキサチオンは有機リン剤、劇物(2 %以下除外)、淡黄褐色液体、水に難溶、有機溶剤に易溶、アルカリには不安定。ミカン、稲、野菜、茶等の害虫駆除。（有機燐系殺虫剤）

問45　3　**問46**　4　**問47**　1　**問48**　2

〔解説〕

問 45　カルボスルファンは、劇物。有機燐製剤の一種。褐色粘稠液体。用途はカーバメイト系殺虫剤。　**問46**　ジチアノンは劇物。暗褐色結晶性粉末。融点 216 ℃。用途は殺菌剤(農薬)。　**問 47**　ジクワットは、劇物で、ジピリジル誘導体で淡黄色結晶、水に溶ける。中性又は酸性で安定、アルカリ溶液でうすめる場合には、2～3時間以上貯蔵できない。腐食性を有する。土壌等に強く吸着されて不活性化する性質がある。用途は、除草剤。　**問 48**　ダイファシノンは毒物。黄色結晶性粉末。アセトン酢酸に溶ける。水にはほとんど溶けない。0.005 %以下を含有するものは劇物。用途は殺鼠剤。

問49　2　**問50**　3　**問51**　4　**問52**　1

〔解説〕

問 49　無機銅塩類(硫酸銅等。ただし、雷銅を除く)の毒性は、亜鉛塩類と非常によく似ている。緑色、または青色のものを吐く。のどが焼けるように熱くなり、よだれがながれ、しばしば痛むことがある。急性の胃腸カタルをおこすとともに血便を出す。　**問 50**　クロルピクリン CCl_3NO_2 は、無色～淡黄色液体、催涙性、粘膜刺激臭。気管支を刺激してせきや鼻汁が出る。多量に吸入すると、胃腸炎、肺炎、尿に血が混じる。悪心、呼吸困難、肺水腫を起こす。　**問 51**　ブロムメチル(臭化メチル)は、常温では気体。冷却圧縮すると液化しやすい。クロロホルムに類する臭気がある。蒸気は空気より重く、普通の燻(くん)蒸濃度では臭気を感じないため吸入により中毒を起こしやすく、吸入した場合は、嘔吐(おうと)、歩行困難、痙れん、視力障害、瞳孔拡大等の症状を起こす。　**問 52**　PAP(フェントエート)は、劇物、有機リン製剤で殺虫剤(稲のニカメイチュウ、ツマグロヨコバイなどの駆除)、赤褐色油状、3 %以下は劇物除外。有機リン剤なので解毒は硫酸アトロピンや PAM。有機リン製剤の中毒：コリンエステラーゼを阻害し、頭痛、めまい、嘔吐、言語障害、意識混濁、縮瞳、痙攣など。

問53　3　**問54**　2　**問55**　1　**問56**　4

〔解説〕

問 53　シアン化ナトリウム NaCN は、酸性だと猛毒のシアン化水素 HCN が発生するのでアルカリ性にしてから酸化剤でシアン酸ナトリウム NaOCN にし、余分なアルカリを酸で中和し多量の水で希釈処理する酸化法。水酸化ナトリウム水溶液等でアルカリ性とし、高温加圧下で加水分解するアルカリ法。　**問 54**　塩化亜鉛 $ZnCl_2$ は水に易溶なので、水に溶かして消石灰などのアルカリで水に溶けにくい水酸化物にして沈殿ろ過して埋立処分する沈殿法。　**問 55**　フェンチオン(MPP)は、劇物。褐色の液体。弱いニンニク臭を有する。各種有機溶媒に溶ける。水には溶けない。廃棄法：木粉(おが屑)等に吸収させてアフターバーナー及びスクラバーを具備した焼却炉で焼却する焼却法。（スクラバーの洗浄液には水酸化ナトリウム水溶液を用いる。）　**問 56**　塩化第一銅 CuCl は、劇物(無機銅塩類)。白色又は帯灰白色の結晶粉末。融点 430 ℃。空気中で酸化されやすく緑色の塩基性塩化銅(Ⅱ)となり、光により褐色を呈する。水に極めて溶けにくい。塩酸アンモニア水に可溶。廃棄方法はセメントを用いて固化し、埋立処分する固化隔離法と、多量の場合には還元焙焼法により金属銅として回収する焙焼。

問 57　3　　問 58　2　　問 59　4　　問 60　1

〔解説〕

問 57　カルバリル、NAC は５％以下は劇物から除外。　問 58　フェントエートは３％以下で劇物から除外。　問 59　アンモニア NH_3 は 10%以下で劇物から除外。　問 60　ジノカップは 0.2%以下で劇物から除外。

（特定品目）

問 41　3　　問 42　4　　問 43　1　　問 44　2

〔解説〕

問 41　トルエン C6H5CH3 は、劇物。特有な臭い（ベンゼン様）の無色液体。爆薬、染料、香料、合成高分子材料などの原料、溶剤、分析用試薬として用いられる。　問 42　一酸化鉛 PbO（別名密陀僧、リサージ）は劇物。赤色～赤黄色結晶。重い粉末で、黄色から赤色の間の様々なものがある。水にはほとんど溶けない。用途はゴムの加硫促進剤、顔料、試薬等。　問 43　過酸化水素 H_2O_2：無色無臭で粘性の少し高い液体。徐々に水と酸素に分解する。酸化力、還元力をもつ。漂白、医薬品、化粧品の製造。　問 44　重クロム酸カリウム $K_2Cr_2O_4$ は、劇物。橙赤色の柱状結晶。水に溶けやすい。アルコールには溶けない。強力な酸化剤。用途は、工業用に酸化剤、媒染剤、製皮用、電気メッキ、電池調整用、顔料原料等に用いられる。

問 45　4　　問 46　1　　問 47　3　　問 48　2

〔解説〕

問 45　メタノール CH_3OH は特有な臭いの無色液体。水に可溶。可燃性。染料、有機合成原料、溶剤。　メタノールの中毒症状：吸入した場合、めまい、頭痛、吐気など、はなはだしい時は嘔吐、意識不明。中枢神経抑制作用。飲用により視神経障害、失明。問 46　クロロホルムの中毒：原形質毒、脳の節細胞を麻酔、赤血球を溶解する。吸収するとはじめ嘔吐、瞳孔縮小、運動性不安、次に脳、神経細胞の麻酔が起きる。中毒死は呼吸麻痺、心臓停止による。　問 47　蓚酸は血液中の石灰分を奪取し神経痙攣等をおかす。急性中毒症状は胃痛、嘔吐、口腔咽喉に炎症をおこし腎臓がおかされる。　問 48　水酸化ナトリウム NaOH は白色、結晶性のかたいかたまり。水に溶けやすい。毒性は、苛性カリと同様に腐食性が非常に強い。皮膚にふれると激しく腐食する。

問 49　2　　問 50　4　　問 51　3　　問 52　1

〔解説〕

問 49　硝酸 HNO_3 は強酸なので、中和法、徐々にアルカリ（ソーダ灰、消石灰等）の攪拌溶液に加えて中和し、多量の水で希釈処理する中和法。　問 50　硅弗化ナトリウムは劇物。無色の結晶。水に溶けにくい。廃棄法は水に溶かし、消石灰等の水溶液を加えて処理した後、希硫酸を加えて中和し、沈殿濾過して埋立処分する分解沈殿法。　問 51　クロロホルム $CHCl_3$ は、有機ハロゲン化物なので燃焼法、ただしアフターバーナー＋スクラバーが必要、スクラバーの洗浄液には燃焼の際に発生する HCl などを吸収させるためアルカリを使用。　問 52　水酸化カリウム KOH は、強塩基なので希薄な水溶液として酸で中和後、水で希釈処理する中和法。

問 53　3　　問 54　1　　問 55　4　　問 56　2

〔解説〕

問 53　ホルマリンはホルムアルデヒド HCHO を水に溶解したもの、無色透明な刺激臭の液体、低温ではパラホルムアルデヒドの生成により白濁または沈澱が生成することがある。　問 54　トルエン $C_6H_5CH_3$（別名トルオール、メチルベンゼン）は劇物。特有な臭いの無色液体。水に不溶。比重 1 以下。可燃性。蒸気は空気より重い。揮発性有機溶媒。麻酔作用が強い。　問 55　重クロム酸カリウム $K_2Cr_2O_7$ は、橙赤色柱状結晶。水にはよく溶けるが、アルコールには溶けない。強力な酸化剤。　問 56　硝酸 HNO_3 は、劇物。無色の液体。特有な臭気がある。腐食性が激しい。空気に接すると刺激性白霧を発し、水を吸収する性質が強い。硝酸は白金その他白金属の金属を除く。処金属を溶解し、硝酸塩を生じる。10%以下で劇物から除外。

問57　4　　問58　2　　問59　3　　問60　1

〔解説〕

問57　過酸化水素水 H_2O_2 は、少量なら褐色ガラス瓶(光を遮るため)、多量ならば現在はポリエチレン瓶を使用し、3 分の 1 の空間を保ち、日光を避けて冷暗所保存。　　問58　メタノール CH_3OH は特有な臭いの揮発性無色液体。水に可溶。可燃性。引火性。可燃性、揮発性があり、火気を避け、密栓し冷所に貯蔵する。
問59　クロロホルム $CHCl_3$ は、無色、揮発性の液体で特有の香気とわずかな甘みをもち、麻酔性がある。空気中で日光により分解し、塩素、塩化水素、ホスゲンを生じるので、少量のアルコールを安定剤として入れて冷暗所に保存。　　問60　水酸化カリウム(KOH)は劇物(5 %以下は劇物から除外)。(別名：苛性カリ)。空気中の二酸化炭素と水を吸収する潮解性の白色固体である。二酸化炭素と水を強く吸収するので、密栓して貯蔵する。

【令和３年度実施】

（一般）

問41　３　　**問42**　１　　**問43**　２　　**問44**　４

〔解説〕

問 41　アジ化ナトリウム NaN_3：毒物、無色板状結晶で無臭。水に溶けアルコールに溶け難い。用途は試薬、医療検体の防腐剤、エアバッグのガス発生剤。

問 42　六フッ化タングステン WF_6：無色低沸点液体。ベンゼンにに可溶。吸湿性で加水分解を受ける。反応性が強く。ほとんどの金属を侵す。用途は半導体配線の原料として用いられる。　**問 43**　硼弗化水素酸は劇物。無色の水溶液。水に可溶。アルコール等に不溶。用途は金属の表面処理。　**問44**　リン化亜鉛 Zn_3P_2 は、灰褐色の結晶又は粉末。かすかにリンの臭気がある。水アルコールに溶けない。ベンゼン、二硫化炭素に溶ける。酸と反応して有毒なホスフィン PH3 を発生。用途は殺鼠剤、倉庫内燻蒸剤。

問45　２　　**問46**　４　　**問47**　３　　**問48**　１

〔解説〕

問45　ピクリン酸($C_6H_2(NO_2)_3OH$)は爆発性なので、火気に対して安全で隔離された場所に、イオウ、ヨード、ガソリン、アルコール等と離して保管する。鉄、銅、鉛等の金属容器を使用しない。　**問46**　アクロレイン CH_2=CHCHO　刺激臭のある無色液体、引火性。光、酸、アルカリで重合しやすい。火気厳禁。非常に反応性に富む物質なので、安定剤を加え、空気を遮断して貯蔵する。　**問 47**　シアン化カリウム KCN は、白色、潮解性の粉末または粒状物、空気中では炭酸ガスと湿気を吸って分解する(HCN を発生)。また、酸と反応して猛毒の HCN(アーモンド様の臭い)を発生する。したがって、酸から離し、通風の良い乾燥した冷所で密栓保存。安定剤は使用しない。　**問 48**　ナトリウム Na は、湿気、炭酸ガスから遮断するために石油中に保存。

問49　３　　**問50**　４　　**問51**　１　　**問52**　２

〔解説〕

問 49　チタン酸バリウム($BaTiO_3$)は劇物。白色の粉末。水にほとんど不溶。用途は電子部品。廃棄法は、①沈殿法〔水に懸濁し、希硫酸を加えて加熱分解し、た後、消石灰、ソーダ灰等の水溶液を加えて中和し、沈殿ろ過して埋立処分する。〕、②固化隔離法〔セメントを用いて、固化し、埋立処分する。〕がある。　**問 50**　砒素は金属光沢のある灰色の単体である。セメントを用いて固化し、溶出試験を行い溶出量が判定基準以下であることを確認して埋立処分する固化隔離法。

問 51　二硫化炭素 CS_2 は、劇物。無色透明の麻酔性芳香をもつ液体。ただし、市場にあるものは不快な臭気がある。有毒であり、ながく吸入すると麻酔をおこす。廃棄法は次亜塩素酸ナトリウム水溶液と水酸化ナトリウムの混合溶液を攪拌しながら二硫化炭素を滴下し酸化分解させた後、多量の水で希釈して処理する酸化法。　**問 52**　メタクリル酸 $CH_3(CH_2)$=CCOOH は、融点 16 ℃の無色結晶。温水にとけ、アルコールやエーテルに可溶。容易に重合する。重合防止剤が添加されているが、加熱、直射日光、過酸化物、鉄錆等で重合が始まり、爆発することがある。用途は熱硬化性塗料、接着剤など。廃棄方法は、1)燃焼法(ア)おが屑等に吸収させて焼却炉で焼却。(イ)可燃性溶剤とともに火室へ噴霧して焼却。2)活性汚泥法：水で希釈し、アルカリで中和してから活性汚泥処理。

問53　3　　問54　2　　問55　1　　問56　4

〔解説〕

問53　メチルエチルケトン$CH_3COC_2H_5$(別名 2-ブタノン)は、劇物。アセトン様の臭いのある無色液体。引火性。少量漏えいした場合は、漏えいした液は、土砂等に吸着させて空容器に回収する。多量に漏えいした液は、土砂等でその流れを止め、安全な場所に導き、液の表面を泡で覆い、できるだけ空容器に回収する。　問54　EPN は、有機リン製剤、毒物(1.5 %以下は除外で劇物)、芳香臭のある淡黄色油状または融点 36 ℃の結晶。漏えいした液は、空容器にできるだけ回収し、そのあとを消石灰等の水溶液を用いて処理し、多量の水を用いて流す。洗い流す場合には、中性洗剤等の分散剤を使用して洗い流す。　問55　硝酸銀$AgNO_3$：劇物。無色無臭の透明な結晶。水に溶けやすい。飛散したものは空容器にできるだけ回収し、そのあとを食塩水を用いて塩化銀とし、多量の水を用いて洗い流す。この場合、濃厚な廃液が河川等に排出されないよう注意する。　問56　ブロムメチルCH_3Brは可燃性・引火性が高いため、火気・熱源から遠ざけ、直射日光の当たらない換気性のよい冷暗所に貯蔵する。耐圧等の容器は錆防止のため床に直置きしない。漏えいした場合：漏えいした液は、土砂等でその流れを止め、液が拡がらないようにして蒸発させる。

問57　4　　問58　2　　問59　3　　問60　1

〔解説〕

問57　スルホナールは劇物。無色、稜柱状の結晶性粉末。水、アルコール、エーテルに溶けにくい。臭気もない。味もほとんどない。約 300 ℃に熱すると、ほとんど分解しないで沸騰し、これを点火すれば亜硫酸ガスを発生して燃焼する。用途は殺鼠剤。嘔吐、めまい、胃腸障害、腹痛、下痢又は便秘などを起こし、運動失調、麻痺、腎臓炎、尿量減退、ポルフィリン尿(尿が赤色を呈する。)として現れる。　問58　ジメチル硫酸は劇物。わずかに臭いがある。水と反応して硫酸水素メチルとメタノールを生ずる。のど、気管支、肺などが激しく侵される。また、皮膚から吸収された全身中毒を起こし、致命的となる。疲労、痙攣、麻痺、昏睡を起こして死亡する。　問59　メタノール(メチルアルコール)CH_3OHは無色透明、揮発性の液体で水と随意の割合で混合する。火を付けると容易に燃える。：毒性は頭痛、めまい、嘔吐、視神経障害、失明。致死量に近く摂取すると麻酔状態になり、視神経がおかされ、目がかすみ、ついには失明することがある。用途は主として溶剤や合成原料、または燃料など。　問60　アニリン$C_6H_5NH_2$は、新たに蒸留したものは無色透明油状液体、光、空気に触れて赤褐色を呈する。毒性は、血液毒であるので、血液に作用してメトヘモグロビンを作り、チアノーゼを起こさせる。

（農業用品目）

問41　3　　問42　2　　問43　1　　問44　4

〔解説〕

問41　イソキサチオンは有機リン剤、劇物(２%以下除外)、淡黄褐色液体、水に難溶、有機溶剤に易溶、アルカリには不安定。ミカン、稲、野菜、茶等の害虫駆除。(有機燐系殺虫剤)　問42　リン化亜鉛Zn_3P_2は、灰褐色の結晶又は粉末。かすかにリンの臭気がある。水アルコールに溶けない。ベンゼン、二硫化炭素に溶ける。酸と反応して有毒なホスフィン PH3 を発生。用途は殺鼠剤、倉庫内燻蒸剤。　問43　アンモニアNH_3は、常温では無色刺激臭の気体、冷却圧縮すると容易に液化する。水、エタノール、エーテルに可溶。強いアルカリ性を示し、腐食性は大。水溶液は弱アルカリ性を呈する。化学工業原料(硝酸、窒素肥料の原料)、冷媒。　問44　ヨウ化メチルCH_3Iは、無色又は淡黄色透明の液体であり、空気中で光により一部分解して褐色になる。ガス殺菌・殺虫剤として使用される。

問45　4　　問46　2　　問47　3　　問48　1

〔解説〕

問45　1・1'－ジメチル－ 4.4'－ジピリジニウムジクロリド（別名パラコート）は白色結晶。不揮発性。用途は除草剤。　問46　イミノクタジンは、劇物。白色の粉末(三酢酸塩の場合)。果樹の腐らん病、晩腐病等、麦の斑葉病、芝の葉枯病殺菌する殺菌剤。　問47　メチダチオンは劇物。灰白色の結晶。有機燐化合物。用途は果樹、野菜、カイガラムシの防虫〔殺虫剤〕。　問48　リン化亜鉛Zn_3P_2は、灰褐色の結晶又は粉末。かすかにリンの臭気がある。劇物。用途は殺鼠剤。

問49　1　　問50　4　　問51　3　　問52　2

〔解説〕

問 49　ニコチンは猛烈な神経毒を持ち、急性中毒では、よだれ、吐気、悪心、嘔吐、ついで脈拍緩徐不整、発汗、瞳孔縮小、呼吸困難、痙攣が起きる。　問 50　パラコートは、毒物で、ジピリジル誘導体で無色結晶性粉末、水によく溶け低級アルコールに僅かに溶ける。消化器障害、ショックのほか、数日遅れて肝臓、腎臓、肺等の機能障害を起こす。解毒剤はないので、徹底的な胃洗浄、小腸洗浄を行う。誤って嚥下した場合には、消化器障害、ショックのほか、数日遅れて肝臓、肺等の機能障害を起こすことがあるので、特に症状がない場合にも至急医師による手当てを受けること。　問 51　シアン化水素 HCN は、毒物。無色の気体または液体。猛毒で、吸入した場合、頭痛、めまい、意識不明、呼吸麻痺を起こす。　問 52　ジメトエートは、有機リン製剤であり、白色固体で水で徐々に加水分解し、用途は殺虫剤。有機リン剤なのでアセチルコリンエステラーゼの活性阻害をするので、神経系に影響が現れる。

問53　3　　問54　1　　問55　4

〔解説〕

問 53　シアン化カリウム KCN(別名　青酸カリ)は、白色、潮解性の粉末または粒状物、空気中では炭酸ガスと湿気を吸って分解する(HCN を発生)。また、酸と反応して猛毒の HCN(アーモンド様の臭い)を発生する。したがって、酸から離し、通風の良い乾燥した冷所で密栓保存。安定剤は使用しない。　問 54　ブロムメチル CH_3Br(臭化メチル)は常温では気体であるため、これを圧縮液化し、圧容器に入れ冷暗所で保存する。　問 55　アンモニア NH_3 は空気より軽い気体。貯蔵法は、揮発しやすいので、よく密栓して貯蔵する。

問56　2　問57　1　問58　4

〔解説〕

問 56　クロルピクリン CCl_3NO_2 は、無色～淡黄色液体、催涙性、粘膜刺激臭。水に不溶。少量の場合、漏洩した液は布でふきとるか又はそのまま風にさらとて蒸発させる。　問 57　シアン化ナトリウム NaCN(別名　青酸ソーダ)：作業の際には必ず保護具を着用し、風下で作業をしない。飛散したものは空容器にできるだけ回収し、砂利等に付着している場合は、砂利等を回収し、その後に水酸化ナトリウム、ソーダ灰等の水溶液を散布してアルカリ性(pH11 以上)とし、更に酸化剤(次亜塩素酸ナトリウム、さらし粉等)の水溶液で酸化処理を行い、多量の水を用いて洗い流す。　問 58　硫酸 H_2SO_4 が漏えいした液は土砂等に吸着させて取り除くかまたは、ある程度水で徐々に希釈した後、消石灰、ソーダ灰等で中和し、多量の水を用いて洗い流す。

問59　4

〔解説〕

N-メチル-1-ナフチルカルバメート(NAC)は、:劇物。白色無臭の結晶。水に溶けない。有機溶媒に可溶。５％以下は劇物から除外。用途は農業殺虫剤。

問60　4

〔解説〕

カルタップは、劇物。２％以下は劇物から除外。無色の結晶。水、メタノールに溶ける。用途は農薬の殺虫剤。

（特定品目）

問41　1　　問42　2　　問43　4　　問44　3

〔解説〕

問 41　酢酸エチルは無色で果実臭のある可燃性の液体。その用途は主に溶剤や合成原料、香料に用いられる。　問 42　硅弗化ナトリウム Na_2SiF_6 は劇物。無色の結晶。用途は、釉薬原料、漂白剤、殺菌剤、消毒剤。　問 43　二酸化鉛 PbO_2 は、茶褐色の粉末。用途は工業用に酸化剤、電池の製造に用いられる。　問 44　水酸化ナトリウム(別名：苛性ソーダ)NaOH は、は劇物。白色結晶性の固体。用途は試薬や農薬のほか、石鹸製造などに用いられる。

問45　3　　問46　1　　問47　4　　問48　2
〔解説〕
問45　酸化水銀(Ⅱ)HgO は、別名酸化第二水銀、鮮赤色ないし橙赤色の無臭の結晶性粉末のものと橙黄色ないし黄色の無臭の粉末とがある。水にほとんど溶けず、希塩酸、硝酸、シアン化アルカリ溶液に溶ける。用途は船底塗料、試薬に用いられる。　問46　メチルエチルケトン $CH_3COC_2H_5$ は、劇物。アセトン様の臭いのある無色液体。蒸気は空気より重い。水に可溶。引火性。有機溶媒。用途は溶剤、有機合成原料。　問47　硝酸 HNO_3 は、無色の液体。腐食性が激しく、空気に接すると刺激性白霧を発し、水を吸収する性質が強い。冶金に用いられ、また硫酸、シュウ酸などの製造、あるいはニトロベンゾール、ピクリン酸、ニトログリセリンなどの爆薬の製造やセルロイド工業などに用いられる。　問48　塩素 Cl_2 は劇物。黄緑色の気体で激しい刺激臭がある。冷却すると、黄色溶液を経て黄白色固体。水にわずかに溶ける。沸点-34 .05 ℃。強い酸化力を有する。極めて反応性が強く、水素又はアセチレンと爆発的に反応する。水分の存在下では、各種金属を腐食する。水溶液は酸性を呈する。
問49　1　　問50　3　　問51　2　　問52　4
〔解説〕
問49　硝酸 HNO_3 は、腐食性が激しく、空気に接すると刺激性白霧を発し、水を吸収する性質が強い。酸なので中和法、水で希釈後に塩基で中和後、水で希釈処理する。　問50　一酸化鉛 PbO は、水に難溶性の重金属なので、そのままセメント固化し、埋立処理する固化隔離法。　問51　過酸化水素 H_2O_2 は、無色無臭で粘性の少し高い液体。は多量の水で希釈して処理する希釈法。　問52　硅弗化ナトリウムは劇物。無色の結晶。水に溶けにくい。アルコールにも溶けない。　水に溶かし、消石灰等の水溶液を加えて処理した後、希硫酸を加えて中和し、沈殿濾過して埋立処分する分解沈殿法。
問53　4　　問54　3　　問55　2　　問56　1
〔解説〕
問53　アンモニアガスを吸入した場合、激しく鼻やのどを刺激し、長時間吸入すると肺や気管支に炎症を起こす。高濃度のガスを吸うと喉頭けいれんを起こすので極めて危険である。　問54　シュウ酸の中毒症状：血液中のカルシウムを奪取し、神経系を侵す。胃痛、嘔吐、口腔咽喉の炎症、腎臓障害。　問55　クロロホルムの中毒：原形質毒、脳の節細胞を麻酔、赤血球を溶解する。吸収するとはじめ嘔吐、瞳孔縮小、運動性不安、次に脳、神経細胞の麻酔が起きる。中毒死は呼吸麻痺、心臓停止による。　問56　四塩化炭素 CCl_4 は特有の臭気をもつ揮発性無色の液体、水に不溶、有機溶媒に易溶。揮発性のため蒸気吸入により頭痛、悪心、黄疸ようの角膜黄変、尿毒症等。
問57　2　　問58　4　　問59　3　　問60　1
〔解説〕
問57　水酸化ナトリウム(別名：苛性ソーダ)NaOH は、白色結晶性の固体。水と炭酸を吸収する性質が強い。空気中に放置すると、潮解して徐々に炭酸ソーダの皮層を生ずる。貯蔵法については潮解性があり、二酸化炭素と水を吸収する性質が強いので、密栓して貯蔵する。　問58　ケイフッ化ナトリウム $Na_2[SiF_6]$ は無色の結晶。水に溶けにくく、酸により有毒な HF と SiF_4 を発生。貯蔵法は、ガラス容器以外のものに入れて貯蔵する。　問59　硫酸 H_2SO_4 は濃い濃度のものは比重がきわめて大きく、水でうすめると激しく発熱するため、密栓して保存する。　問60　過酸化水素水 H_2O_2 は、少量なら褐色ガラス瓶(光を遮るため)、多量ならば現在はポリエチレン瓶を使用し、3分の1の空間を保ち、日光を避けて冷暗所保存。

【令和４年度実施】

（一般）

問41　２　**問42**　１　**問43**　３　**問44**　４

〔解説〕

問 41　サリノマイシンナトリウムは劇物。白色～淡黄色の結晶性粉末。用途は飼料添加物。　**問 42**　ジメチルアミン$(CH_3)_2NH$は、劇物。無色で魚臭様(強アンモニア臭)の臭気のある気体。用途は界面活性剤の原料等。　**問 43**　パラフェニレンジアミン(別名 1,4-ジアミノベンゼン)は劇物。白色又は微赤色の板状結晶。用途は染料製造、毛皮の染色、ゴム工業、染毛剤及び試薬。　**問 44**　メチルメルカプタン CH_3SH は、毒物。メタンチオールとも呼ばれる。腐ったキャベツ様の悪臭を有する引火性無色気体。用途は殺虫剤、付臭剤、香料、反応促進剤など。

問45　４　**問46**　１　**問47**　３　**問48**　２

〔解説〕

問 45　ヨウ素 I_2 は、劇物。黒褐色金属光沢ある稜板状結晶、昇華性。水に溶けにくい(しかし、KI 水溶液には良く溶ける KI ＋ I2 → KI3)。有機溶媒に可溶(エタノールやベンゼンでは褐色、クロロホルムでは紫色)。　**問 46**　亜硝酸ナトリウム $NaNO_2$ は、劇物。白色または微黄色の結晶性粉末。水に溶けやすい。アルコールにはわずかに溶ける。潮解性がある。空気中では徐々に酸化する。

問 47　ジメチル－２・２－ジクロルビニルホスフェイト（別名 DDVP, ジクロルボス）は刺激性で、微臭のある比較的揮発性の無色油状の液体である。一般の有機溶媒に溶ける。水には溶けにくい。　**問 48**　ヒドラジン NH_2NH_2 は、毒物。無色の油状の液体で空気中で発煙する。燃やすと紫色の焔を上げる。アンモニ様の強い臭気をもつ。

問49　３　**問50**　１　**問51**　２　**問52**　４

〔解説〕

問 49　ニッケルカルボニルは毒物。無色の揮発性液体で空気中で酸化される。60℃位いに加熱すると爆発することがある。多量のベンゼンに溶解し、スクラバーを具備した焼却炉の火室へ噴霧して、焼却する燃焼法と多量の次亜塩素酸ナトリウム水溶液を用いて酸化分解。そののち過剰の塩素を亜硫酸ナトリウム水溶液等で分解させ、その後硫酸を加えて中和し、金属塩を水酸化ニッケルとしてで沈殿濾過して埋立死余分する酸化沈殿法。　**問 50**　シアン化ナトリウム NaCN は、酸性だと猛毒のシアン化水素 HCN が発生するのでアルカリ性にしてから酸化剤でシアン酸ナトリウム NaOCN にし、余分なアルカリを酸で中和し多量の水で希釈処理する酸化法。水酸化ナトリウム水溶液等でアルカリ性とし、高温加圧下で加水分解するアルカリ法。　**問 51**　水銀 Hg は、回収法により、そのまま再利用するため蒸留する。なお、回収を行う場合は専門業者に処理を委託することが望ましい。　**問 52**　エチレンオキシドは、劇物。快臭のある無色のガス。水、アルコール、エーテルに可溶。可燃性ガス、反応性に富む。廃棄法：多量の水に少量ずつガスを吹き込み溶解し希釈した後、少量の硫酸を加えエチレングリコールに変え、アリカリ水で中和し、活性汚泥で処理する活性汚泥法。

問53　４　**問54**　２　**問55**　３　**問56**　１

〔解説〕

解答のとおり。

問 57　3　　問 58　1　　問 59　2　　問 60　4

〔解説〕

問 57　二硫化炭素 CS_2 は、無色流動性液体、引火性が大なので水を混ぜておくと安全、蒸留したてはエーテル様の臭気だが通常は悪臭。少量ならば共栓ガラス壜、多量ならば鋼製ドラム缶などを使用する。日光の直射を受けない冷所で保管し、可燃性、発熱性、自然発火性のものからは、十分に引き離しておく。　問 58　フッ化水素酸は、HF を水に溶かした刺激臭のする無色透明液体。ガラスと反応。大部分の金属やコンクリートも激しく腐食する。　フロンガスの原料、ガラスのつやけしなどに使用。　保存方法は、銅、鉄、コンクリートまたは木製のタンクにゴム、鉛、ポリ塩化ビニルあるいはポリエチレンのライニングを施したものを使用。　問 59　臭素 Br_2 は劇物。赤褐色・特異臭のある重い液体。少量ならば共栓ガラス壜、多量ならばカーボイ、陶器製等の症状使用し、冷所に、濃塩酸、アンモニア水、アンモニアガスなどと引き離して貯蔵する。直射日光を避け、痛風をよくする。　問 60　クロロホルム $CHCl_3$：無色、揮発性の液体で特有の香気とわずかな甘みをもち。麻酔性がある。空気中で日光により分解し、塩素 Cl_2、塩化水素 HCl、ホスゲン $COCl_2$、四塩化炭素 CCl_4 を生じるので、少量のアルコールを安定剤として入れて冷暗所に保存。

（農業用品目）

問 41　3　　問 42　1　　問 43　4　　問 44　2

〔解説〕

問 41　2－イソプロピルフェニル－N－メチルカルバメートは、劇物（1.5 ％は劇物から除外）。白色結晶性の粉末。アセトンによく溶け、メタノール、エタノール、酢酸エチルにも溶ける。水に不溶。　問 42　ホサロンは劇物。白色結晶。ネギ様の臭気がある。水に不溶。メタノール、アセトン、クロロホルム等に溶ける。　問 43　フェントエートは、劇物。赤褐色、油状の液体で、芳香性刺激臭を有し、水、プロピレングリコールに溶けない。リグロインにやや溶け、アルコール、エーテル、ベンゼンに溶ける。　問 44　ブラストサイジン S ベンジルアミノベンゼンスルホン酸塩は、純品は白色、針状結晶、粗製品は白色ないし微褐色の粉末である。融点 250 ℃以上で徐々に分解。水、氷酢酸にやや可溶、有機溶媒に難溶。pH5 ～ 7 で安定。

問 45　3　　問 46　4　　問 47　2　　問 48　1

〔解説〕

問 45　硫酸タリウム Tl_2SO_4 は、劇物。白色結晶で、水にやや溶け、熱水に易溶、用途は殺鼠剤。硫酸タリウム 0.3 ％以下を含有し、黒色に着色され、かつ、トウガラシエキスを用いて著しくからく着味されているものは劇物から除外。

問 46　5－メチル－1・2・4－トリアゾロ[3・4－b]ベンゾチアゾール（別名トリシクラゾール）は、劇物、無色無臭の結晶、農業用殺菌剤（イモチ病に用いる。）。8 ％以下は劇物除外。　問 47　弗化スルフリル（SO_2F_2）は毒物。無色無臭の気体。用途は殺虫剤、燻蒸剤。　問 48　塩素酸ナトリウム $NaClO_3$ は、無色無臭結晶。用途は除草剤。

問 49　2　　問 50　4　　問 51　3　　問 52　1

〔解説〕

解答のとおり。

問 53　4　　問 54　1　　問 55　3　問 56　2

〔解説〕

問 53　シアン化水素 HCN は、無色の気体または液体（b. p. 25.6 ℃）、特異臭（アーモンド様の臭気）、弱酸、水、アルコールに溶ける。毒物。貯法は少量なら褐色ガラス瓶、多量なら銅製シリンダーを用い日光、加熱を避け、通風の良い冷所に保存。　問 54　クロルピクリン CCl_3NO_2 は、無色～淡黄色液体、催涙性、粘膜刺激臭。水に不溶。貯蔵法については、金属腐食性と揮発性があるため、耐腐食性容器（ガラス容器等）に入れ、密栓して冷暗所に貯蔵する。

問 55　リン化アルミニウムは空気中の湿気で分解して、猛毒のリン化水素 PH3（ホスフィン）を発生する。空気中の湿気に触れると徐々に分解して有毒なガスを発生するので密閉容器に貯蔵する。使用方法については施行令第 30 条で規定され、使用者についても施行令第 18 条で制限されている。問 56　硫酸銅（Ⅱ）$CuSO_4$・$5H_2O$ は、濃い青色の結晶。風解性。風解性のため密封、冷暗所貯蔵。

問 57　2　　**問 58**　4　　**問 59**　3　　**問 60**　1

〔解説〕

問 57　塩化第二銅は、劇物。無水物のほか二水和物が知られている。二水和物は緑色結晶で潮解性がある。廃棄方法は水に溶かし、消石灰、ソーダ灰等の水溶液を加えて、処理し、沈殿ろ過して埋立処分する沈殿法と多量の場合には還元焙焼法により無金属銅として回収する焙焼法。　**問 58**　クロルピクリン CCl_3NO_2 は、無色～淡黄色液体、催涙性、粘膜刺激臭。廃棄方法は少量の界面活性剤を加えた亜硫酸ナトリウムと炭酸ナトリウムの混合溶液中で、攪拌（かくはん）し分解させたあと、多量の水で希釈して処理する分解法。　**問 59**　パラコートは、毒物で、ジピリジル誘導体で無色結晶性粉末。廃棄方法は①燃焼法では、おが屑等に吸収させてアフターバーナー及びスクラバーを具備した焼却炉で焼却する。②検定法。

問 60　弗化亜鉛は劇物。無水物もあるが、一般には四水和物が流通。四水和物は、白色結晶。水にやや溶けにくい。アンモニア水には可溶。廃棄方法は、セメントを用いて固化し、埋立処分する固化隔離法。

（特定品目）

問 41　4　　**問 42**　3　　**問 43**　1　　**問 44**　2

〔解説〕

問 41　硝酸 HNO_3 は、無色の液体。腐食性が激しく、空気に接すると刺激性白霧を発し、水を吸収する性質が強い。用途は冶金に用いられる。また、ニトロベンゾール、ニトログリセリンなどの爆薬の　製造などに用いられる。

問 42　メチルエチルケトン $CH_3COC_2H_5$ は、劇物。アセトン様の臭いのある無色液体。引火性。有機溶媒。用途は接着剤、印刷用インキ、合成樹脂原料、ラッカー用溶剤。　**問 43**　ホルマリンは無色透明な刺激臭の液体。用途はフィルムの硬化、樹脂製造原料、試薬・農薬等。　**問 44**　一酸化鉛 PbO(別名密陀僧、リサージ)は劇物。赤色～赤黄色結晶。重い粉末で、黄色から赤色の間の様々なものがある。用途はゴムの加硫促進剤、顔料、試薬等。

問 45　2　　**問 46**　1　　**問 47**　4　　**問 48**　3

〔解説〕

問 45　過酸化水素 H_2O_2 は、無色無臭で粘性の少し高い液体。徐々に水と酸素に分解する。酸化力、還元力をもつ。皮膚に触れた場合、やけど(腐食性薬傷)を起こす。　**問 46**　蓚酸 $(COOH)_2 \cdot 2H_2O$ は無色の柱状結晶。血液中の石灰分を奪い、神経系をおかす。急性中毒症状は、胃痛、嘔吐、口腔、咽喉に炎症をおこし、腎臓がおかされる。　**問 47**　重クロム酸カリウム $K_2Cr_2O_7$ は、劇物。橙赤色柱状結晶。吸入した場合は鼻、のど, 気管支等の粘膜が侵される。また、眼に入った場合は、粘膜を刺激して結膜炎を起こす。　**問 48**　クロロホルム無色揮発性の液体で、特有の臭気と、かすかな甘みを有する。中毒症状は、原形質毒、脳の節細胞を麻酔、赤血球を溶解する。吸収するとはじめ嘔吐、瞳孔縮小、運動性不安、次に脳、神経細胞の麻酔が起きる。中毒死は呼吸麻痺、心臓停止による。

問 49　1　　**問 50**　2　　**問 51**　3　　**問 52**　4

〔解説〕

問 49　硫酸 H_2SO_4 は酸なので廃棄方法はアルカリで中和後、水で希釈する中和法。　**問 50**　水酸化ナトリウムは塩基性であるので酸で中和してから希釈して廃棄する中和法。　**問 51**　一酸化鉛 PbO は、水に難溶性の重金属なので、そのままセメント固化し、埋立処理する固化隔離法。　**問 52**　四塩化炭素(テトラクロロメタン) CCl_4 は、特有な臭気をもつ不燃性、揮発性無色液体、水に溶けにくく有機溶媒には溶けやすい。強熱によりホスゲンを発生。廃棄方法は液体の含塩素有機化合物なので燃焼法(溶剤や重油とともにアフターバーナー＋スクラバーをもつ焼却炉。)

問 53　2　　**問 54**　3　　**問 55**　4　　**問 56**　1

〔解説〕

問 53　硫酸モリブデン酸クロム酸鉛(別名モリブデン赤、クロムバーミリオン)は、劇物。橙色又は赤色粉末。水にほとんど溶けない。酸、アルカリに可溶。

問 54　水酸化ナトリウム(別名：苛性ソーダ)NaOH は、劇物。白色結晶性の固体、潮解性(空気中の水分を吸って溶解する現象)および空気中の炭酸ガス CO_2 と反応して炭酸ナトリウム Na_2CO_3 になる。水溶液は強アルカリ性なので、水に溶解後、酸で中和し、水で希釈処理。　**問 55**　キシレン $C_6H_4(CH_3)_2$ は劇物。無色透明の液体で芳香族炭化水素特有の臭いを有する。蒸気は空気より重い。水に不溶、有機溶媒に可溶である。　**問 56**　メチルエチルケトン $CH_3COC_2H_5$ は、アセトン様の臭いのある無色液体。引火性。有機溶媒。水に可溶。

問57　3　　**問58**　2　　**問59**　1　　**問60**　4

〔解説〕

問 57　四塩化炭素(テトラクロロメタン) CCl_4 は、特有な臭気をもつ不燃性、揮発性無色液体、水に溶けにくく有機溶媒には溶けやすい。強熱によりホスゲンを発生。亜鉛またはスズメッキした鋼鉄製容器で保管、高温に接しないような場所で保管。　　**問 58**　過酸化水素水 H_2O_2 は、、無色無臭で粘性の少し高い液体。少量なら褐色ガラス瓶(光を遮るため)、多量ならば現在はポリエチレン瓶を使用し、3 分の 1 の空間を保ち、有機物等から引き離し日光を避けて冷暗所保存。　　**問 59**　水酸化カリウム(KOH)は劇物(5 %以下は劇物から除外)。(別名：苛性カリ)。空気中の二酸化炭素と水を吸収する潮解性の白色固体である。二酸化炭素と水を強く吸収するので、密栓して貯蔵する。　　**問 60**　メタノール CH_3OH は特有な臭いの揮発性無色液体。水に可溶。可燃性。引火性。可燃性、揮発性があり、火気を避け、密栓し冷所に貯蔵する。

【令和５年度実施】

（一般）

問 41　4　　**問 42**　3　　**問 43**　2　　**問 44**　1

〔解説〕

問 41　硫酸タリウム Tl_2SO_4 は、劇物。白色結晶で、水にやや溶け、熱水に易溶、用途は殺鼠剤。　**問 42**　クロトンアルデヒドは、劇物。特有の刺激臭のある無色の液体。エタノール、エーテル、アセトンに可溶。用途は、ポリ塩化ビニルの溶媒。ゴム酸化防止剤。　**問 43**　亜塩素酸ナトリアム(別名亜塩素酸ソーダは劇物。白色の粉末。水に溶けやすい。酸化力がある。加熱、衝撃、摩擦により爆発的に分解を起こす。用途は木材、繊維、食品等の漂白にもちいられる。

問 44　メタクリル酸は、刺激臭のある無色柱状結晶。用途は接着剤、イオン交換樹脂、紙・織物加工剤、皮革処理剤等。

問 45　2　　**問 46**　3　　**問 47**　1　　**問 48**　4

〔解説〕

問 45　カリウム K は、劇物。銀白色の光輝があり、ろう様の高度を持つ金属。カリウムは空気中にそのまま貯蔵することはできないので、石油中に保存する。黄リンは水中で保存。　**問 46**　ピクリン酸は爆発性なので、火気に対して安全で隔離された場所に、イオウ、ヨード、ガソリン、アルコール等と離して保管する。鉄、銅、鉛等の金属容器を使用しない。　**問 47**　ベタナフトール $C_{10}H_7OH$ は、無色～白色の結晶、石炭酸臭、水に溶けにくく、熱湯に可溶。有機溶媒に易溶。遮光保存(フェノール性水酸基をもつ化合物は一般に空気酸化や光に弱い)。

問 48　五硫化二燐(五硫化燐)P_2S_5 または P_4S_{10} は、毒物。淡黄色の結晶性粉末で硫化水素臭がある。吸湿性がある。エタノールに溶ける。水、酸で分解して硫化水素となる。貯蔵方法は火災、爆発の危険性がある。わずかな加熱で発火し、発生した硫化水素で爆発することがあるので、換気良好な冷暗所に保存する。

問 49　1　　**問 50**　2　　**問 51**　3　　**問 52**　4

〔解説〕

問 49　ヒ素 As は無機毒物、回収法または固化隔離法。　**問 50**　シアン化水素はスクラバーなどを具備した焼却炉で焼却する。　**問 51**　クロルピクリン CCl_3NO_2 は、無色～淡黄色液体、催涙性、粘膜刺激臭。廃棄方法は少量の界面活性剤を加えた亜硫酸ナトリウムと炭酸ナトリウムの混合溶液中で、攪拌し分解させた後、多量の水で希釈して処理する分解法。　**問 52**　トルエンは可燃性の溶液であるから、これを珪藻土などに付着して、焼却する燃焼法。

問 53　2　　**問 54**　4　　**問 55**　3　　**問 56**　1

〔解説〕

問 53　ニトロベンゼン $C_6H_5NO_2$ は特有な臭いの淡黄色液体。水に難溶。比重 1 より少し大。可燃性。多量の水で洗い流すか、又は土砂、おが屑等に吸着させて空容器に回収し安全な場所で焼却する。　**問 54**　臭素 Br_2 は赤褐色の刺激臭がある揮発性液体。漏えい時の措置は、ハロゲンなので消石灰と反応させ次亜臭素酸塩にし、また揮発性なのでムシロ等で覆い、さらにその上から消石灰を散布して反応させる。多量の場合は霧状の水をかけ吸収させる。　**問 55**　キシレン $C_6H_4(CH_3)_2$ は、無色透明な液体で o-、m-、p-の 3 種の異性体がある。水にはほとんど溶けず、有機溶媒に溶ける。溶剤。揮発性、引火性。付近の着火源となるものを速やかに取り除く。漏えいした液は、土砂等でその流れを止め、安全な場所に導き、液の表面を泡で覆い、できるだけ空容器に回収する。

問 56　重クロム酸カリウム $K_2Cr_2O_7$ は、橙赤色結晶、酸化剤。水に溶けやすく、有機溶媒には溶けにくい。$K_2Cr_2O_7$ は酸化剤なので、回収後、そのあとを還元剤で処理し($Cr^{6+} \rightarrow Cr^{3+}$)、さらにアルカリで水に難溶性の水酸化クロム(Ⅲ)$Cr(OH)_3$ として、水で洗浄。

問 57　3　　**問 58**　1　　**問 59**　2　　**問 60**　4

〔解説〕

問 57　黄燐 P_4 は、毒物。無色又は白色の蝋様の固体。非常に毒性が強い。服用では、一般的に服用後胃部の疼痛、灼熱感、にんにく臭のおび、悪心、嘔吐に至る。吐瀉物はニンニク臭を有し、暗所では燐光を発する。一時的に回復するものの死に至る。皮膚に付着する火傷をする。治療薬は、過マンガン酸カリウム溶液。　**問 58**　硝酸 HNO_3 は無色の発煙性液体。蒸気は眼、呼吸器などの粘膜および皮膚に強い刺激性をもつ。高濃度のものが皮膚に触れるとガスを生じ、初めは白く変色し、次第に深黄色になる(キサントプロテイン反応)。

問 59　モノフルオール酢酸ナトリウムは有機フッ素系である。有機フッ素化合物の中毒：TCA サイクルを阻害し、呼吸中枢障害、激しい嘔吐、てんかん様痙攣、チアノーゼ、不整脈など。　**問 60**　クロルメチル(CH_3Cl)は、劇物。無色のエーテル様の臭いと、甘味を有する気体。水にわずかに溶け、圧縮すれば液体となる。空気中で爆発する恐れがあり、濃厚液の取り扱いに注意。クロルメチル、ブロムエチル、ブロムメチル等と同様な作用を有する。したがって、中枢神経麻酔作用がある。処置として新鮮な空気中に引き出し、興奮剤、強心剤等を服用するとよい。

（農業用品目）

問 41　1　**問 42**　4　**問 43**　3　**問 44**　2

〔解説〕

問 41　ダイファシノンは、黄色結晶性粉末、アセトン、酢酸に溶け、水に難溶。　**問 42**　ピラクロストロビンは、暗褐色粘稠固体。用途は殺菌剤(農薬)。
問 43　ジメトエートは、劇物。キシレン、ベンゼン、メタノール、アセトン、エーテル、クロロホルムに可溶。水溶液は室温で徐々に加水分解し、アルカリ溶液中ではすみやかに加水分解する。太陽光線には安定で熱に対する安定性は低い。　**問 44**　塩素酸カリウム $KClO_3$(別名塩素酸カリ)は、無色の結晶。水に可溶。アルコールに溶けにくい。熱すると酸素を発生する。そして、塩化カリとなり、これに塩酸を加えて熱すると塩素を発生する。

問 45　1　**問 46**　4　**問 47**　3　**問 48**　2

〔解説〕

問 45　エチレンクロルヒドリンは劇物。無色液体で芳香がある。吸入した場合は吐気、嘔吐、頭痛及び胸痛等の症状を起こすことがある。皮膚にふれた場合は、皮膚を刺激し、皮膚からも吸収され吸入した場合と同様の中毒症状を起こすことがある。　**問 46**　燐化亜鉛 Zn_3P_2 は、灰褐色の結晶又は粉末。かすかにリンの臭気がある。ベンゼン、二硫化炭素に溶ける。酸と反応して有毒なホスフィン PH3 を発生。ホスフィンにより嘔吐、めまい、呼吸困難などが起こる。

問 47　ニコチンは猛烈な神経毒をもち、急性中毒ではよだれ、吐気、悪心、嘔吐、ついで脈拍緩徐不整、発汗、瞳孔縮小、呼吸困難、痙攣が起きる。

問 48　シアン化ナトリウム NaCN は毒物：白色粉末、粒状またはタブレット状。別名は青酸ソーダという。無機シアン化合物は胃内の胃酸と反応してシアン化水素を発生する。シアン化水素は猛烈な毒性を示し、ごく少量でも頭痛、めまい、意識不明、呼吸麻痺などを引き起こす。

問 49　4　**問 50**　2　**問 51**　3　**問 52**　1

〔解説〕

問 49　塩化亜鉛（別名　クロル亜鉛）$ZnCl_2$ は劇物。白色の結晶。空気にふれると水分を吸収して潮解する。用途は脱水剤、木材防臭剤、脱臭剤、試薬。
問 50　ジエチル―（五―フェニル―三―イソキサゾリル）―チオホスフェイト（別名：イソキサチオン）は有機リン剤、劇物(２％以下除外)。淡黄褐色液体、水に難溶、有機溶剤に易溶、アルカリには不安定。用途はミカン、稲、野菜、茶等の害虫駆除。(有機燐系殺虫剤)　**問 51**　モノフルオール酢酸ナトリウム $CH_2FCOONa$ は重い白色粉末、吸湿性、冷水に易溶、メタノールやエタノールに可溶。粉末で水、アルコールに溶けない。野ネズミの駆除に使用。特毒。

問 52　クロルメコートは、劇物、白色結晶で魚臭、非常に吸湿性の結晶。エーテルに不溶。水、アルコールに可溶。用途は植物成長調整剤。

問 53　2　**問 54**　4
問 55　4　**問 56**　2　**問 57**　1

〔解説〕

硫酸 H_2SO_4 は無色の粘張性のある液体。濃い濃度のものは比重がきわめて大きく、水でうすめると激しく発熱するため、密栓して保存する。漏えいした液は、遠くから徐々に注水してある程度希釈した後、消石灰、ソーダ灰等で中和し、多量の水を用いて洗い流す。

クロルピクリン CCl_3NO_2 は、無色～淡黄色液体、催涙性、粘膜刺激臭。水に不溶。線虫駆除、土壌燻蒸剤。貯蔵法については、金属腐食性と揮発性があるため、耐腐食性容器(ガラス容器等)に入れ、密栓して冷暗所に貯蔵する。土砂等でその流れを止め、多量の活性炭又は消石灰を散布して覆う。また、至急関係先に連絡して専門家の指示により処理する。
EPN は、有機リン製剤、毒物(1.5 %以下は除外で劇物)、芳香臭のある淡黄色油状(工業用製品)または融点 36 ℃の白色結晶。漏えいした液は、空容器にできるだけ回収し、そのあとを消石灰等の水溶液を用いて処理し、多量の水を用いて流す。洗い流す場合には、中性洗剤等の分散剤を使用して洗い流す。

問 58 1 **問 59** 2 **問 60** 3

〔解説〕
問 58 ニコチンは猛烈な神経毒、急性中毒では、よだれ、吐気、悪心、嘔吐、ついで脈拍緩徐不整、発汗、瞳孔縮小、呼吸困難、痙攣が起きる。解毒剤は硫酸アトロピン。 **問 59** 無機シアン化合物については、大量のガスを吸入した場合、2、3回の呼吸と痙攣のもとに倒れ、ほぼ即死する。少量のガスを吸入した場合は、呼吸困難、呼吸痙攣などの刺激症状の後、呼吸麻痺で倒れる。解毒剤は亜硝酸ナトリウムとチオ硫酸ナトリウムや亜硝酸アミル。 **問 60** モノフルオール酢酸ナトリウム FCH_2COONa は有機フッ素化合物である。これの中毒は TCA サイクルを阻害し、呼吸中枢障害、激しい嘔吐、てんかん様痙攣、チアノーゼ、不整脈など。治療薬はアセトアミド。

(特定品目)

問 41 4 **問 42** 3 **問 43** 2 **問 44** 1

〔解説〕
問 41 重クロム酸カリウム $K_2Cr_2O_4$ は、劇物。橙赤色の柱状結晶。水に溶けやすい。アルコールには溶けない。強力な酸化剤。用途は試薬、製革用、顔料原料などに使用される。 **問 42** 硝酸 HNO_3 は、劇物。無色の液体。特有な臭気がある。腐食性が激しい。空気に接すると刺激性白霧を発し、水を吸収する性質が強い。用途は冶金、爆薬製造、セルロイド工業、試薬。 **問 43** 一酸化鉛 PbO(別名密陀僧、リサージ)は劇物。赤色～赤黄色結晶。重い粉末で、黄色から赤色の間の様々なものがある。水にはほとんど溶けない。用途はゴムの加硫促進剤、顔料、試薬等。 **問 44** 水酸化ナトリウム(別名：苛性ソーダ)NaOH は、は劇物。白色結晶性の固体。水溶液は塩基性を示す。用途は試薬や農薬のほか、石鹸製造などに用いられる。

問 45 2 **問 46** 1 **問 47** 4 **問 48** 3

〔解説〕
問 45 クロロホルム $CHCl_3$ は、無色、揮発性の液体で特有の香気とわずかな甘みをもち、麻酔性がある。蒸気は空気より重い。中毒：原形質毒、脳の節細胞を麻酔、赤血球を溶解する。吸収するとはじめ嘔吐、瞳孔縮小、運動性不安、次に脳、神経細胞の麻酔が起きる。中毒死は呼吸麻痺、心臓停止による。
問 46 硫酸は、無色透明の液体。劇物から 10 %以下のものを除く。皮膚に触れた場合は、激しいやけどを起こす。可燃物、有機物と接触させない。直接中和剤を散布すると発熱し、酸が飛散することがある。眼に入った場合は、粘膜を激しく刺激し、失明することがある。 **問 47** トルエンは、劇物。無色、可燃性のベンゼ臭を有する液体。麻酔性が強い。蒸気の吸入により頭痛、食欲不振などがみられる。大量では緩和な大血球性貧血をきたす。常温では容器上部空間の蒸気濃度が爆発範囲に入っているので取扱いに注意。 **問 48** 蓚酸は、劇物(10 %以下は除外)、無色稜柱状結晶。血液中のカルシウムを奪取し、神経系を侵す。胃痛、嘔吐、口腔咽喉の炎症、腎臓障害。

問 49 2 **問 50** 1 **問 51** 3 **問 52** 4

〔解説〕
問 49 アンモニア NH_3(刺激臭無色気体)は水に極めてよく溶けアルカリ性を示すので、廃棄方法は、水に溶かしてから酸で中和後、多量の水で希釈処理する中和法。 **問 50** メタノール(メチルアルコール)CH_3OH は、無色透明の揮発性液体。硅藻土等に吸収させ開放型の焼却炉で焼却する。また、焼却炉の火室へ噴霧し焼却する焼却法。 **問 51** 塩酸 HCl は無色透明の刺激臭を持つ液体で、これの濃度が濃いものは空気中で発煙する。(湿った空気中では濃度が 25 %以上の塩酸は発煙性がある。)種々の金属やコンクリートを腐食する。廃棄法は、水に溶解し、消石灰 $Ca(OH)_2$ 塩基で中和できるのは酸である塩酸である中和法。
問 52 塩素 Cl_2 は劇物。黄緑色の気体で激しい刺激臭がある。冷却すると、黄色溶液を経て黄白色固体。水にわずかに溶ける。廃棄方法は、塩素ガスは多量のアルカリに吹き込んだのち、希釈して廃棄するアルカリ法。

問53　3　　問54　2　　問55　1　　問56　4
〔解説〕
問 53　酢酸エチル $CH_3COOC_2H_5$(別名酢酸エチルエステル、酢酸エステル)は、劇物。無色透明の液体で、エステル特有の果実様の芳香がある。蒸気は空気より重く引火しやすい。水にやや溶けやすい。沸点は水より低い。
問 54　四塩化炭素(テトラクロロメタン)CCl_4 は、劇物。揮発性、麻酔性の芳香を有する無色の重い液体。水に溶けにくく有機溶媒には溶けやすい。強熱によりホスゲンを発生。蒸気は空気より重く、低所に滞留する。溶剤として用いられる。
問 55　硫酸モリブデン酸クロム酸鉛〔クロム酸塩類及びこれを含有する製剤〕は、劇物。橙色又は赤色粉末。水にほとんど溶けない。酸、アルカリ に可溶。酢酸、アンモニア水に不溶。　　問 56　塩素 Cl_2 は劇物。黄緑色の気体で激しい刺激臭がある。冷却すると、黄色溶液を経て黄白色固体。水にわずかに溶ける。沸点-34 .05 ℃。強い酸化力を有する。極めて反応性が強く、水素又はアセチレンと爆発的に反応する。不燃性を有し、鉄、アルミニウムなどの燃焼を助ける。
問57　3　　問58　2　　問59　1　　問60　4
〔解説〕
問 57　クロロホルム $CHCl_3$ は、無色、揮発性の液体で特有の香気とわずかな甘みをもち。麻酔性がある。空気中で日光により分解し、塩素 Cl_2、塩化水素 HCl、ホスゲン $COCl_2$、四塩化炭素 CCl_4 を生じるので、少量のアルコールを安定剤として入れて冷暗所に保存。　　問 58　メチルエチルケトン $CH_3COC_2H_5$ は、アセトン様の臭いのある無色液体。引火性。有機溶媒。貯蔵方法は直射日光を避け、通風のよい冷暗所に保管し、また火気厳禁とする。なお、酸化性物質、有機過酸化物等と同一の場所で保管しないこと。　　問 59　水酸化カリウム(KOH)は劇物(5 %以下は劇物から除外)。(別名：苛性カリ)。空気中の二酸化炭素と水を吸収する潮解性の白色固体である。二酸化炭素と水を強く吸収するので、密栓して貯蔵する。
問 60　ホルマリンは、低温で混濁することがあるので、常温で貯蔵する。一般に重合を防ぐため 10 %程度のメタノールが添加してある。

解答・解説編
〔実地〕

〔実地編〕

【令和元年度実施】

※九州全県・沖縄県統一共通においては、毎年８月に行われている試験が台風の影響により、２通りに分かれて試験が実施されました。これに伴い令和元年度は、２つの試験問題作成がされたことで、２つの試験問題を収録いたしました。

九州全県・沖縄県統一共通①〔福岡県・沖縄県〕

（一般）

問 61　2　　問 62　3
問 63　1　　問 64　4　　問 65　3

〔解説〕

問 61、問 63　アニリン $C_6H_5NH_2$ は、新たに蒸留したものは無色透明油状液体、光、空気に触れて赤褐色を呈する。特有な臭気。水には難溶、有機溶媒には可溶。水溶液にさらし粉を加えると紫色を呈する。劇物。　問 62、問 64　塩素酸カリウム $KClO_3$ は白色固体。加熱により分解し酸素発生 $2KClO_3 \rightarrow 2KCl + 3O_2$ マッチの製造、酸化剤。熱すると酸素を発生して、塩化カリとなり、これに塩酸を加えて熱すると、塩素を発生する。水溶液に酒石酸を多量に加えると、白色の結晶性の物質を生ずる。　問 65　沃化水素酸は、劇物。無色の液体。ヨード水素の水溶液に硝酸銀溶液を加えると、淡黄色の沃化銀の沈殿を生じる。この沈殿はアンモニア水にはわずかに溶け、硝酸には溶けない。用途は工業用の還元剤。

問 66　4　　問 67　1
問 68　3　　問 69　2　　問 70　1

〔解説〕

問 66、問 68　メチルスルホナールは、劇物。無色の葉状結晶。臭気がない。水に可溶。木炭とともに熱すると、メルカプタンの臭気をはなつ。問 67、問 69　ホルムアルデヒド HCHO は、無色刺激臭の気体で水に良く溶け、これをホルマリンという。ホルマリンは無色透明な刺激臭の液体、低温ではパラホルムアルデヒドの生成により白濁または沈澱が生成することがある。水、アルコール、エーテルと混和する。アンモニ水を加えて強アルカリ性とし、水浴上で蒸発すると、水に溶解しにくい白色、無晶形の物質を残す。フェーリング溶液とともに熱すると、赤色の沈殿を生ずる。問 70　　硫酸第二銅、五水和物白色濃い藍色の結晶で、水に溶けやすく、水溶液は青色リトマス紙を赤変させる。水に溶かし硝酸バリウムを加えると、白色の沈殿を生じる。

（農業用品目）

問 61　3　　問 62　4　　問 63　1　　問 64　2

〔解説〕

問 61　アンモニア水は無色透明、刺激臭がある液体。アルカリ性を呈する。アンモニア NH_3 は空気より軽い気体。濃塩酸を近づけると塩化アンモニウムの白い煙を生じる。$NH_3 + HCl \rightarrow NH_4Cl$　問 62　塩素酸ナトリウム NaClO3 は、劇物。潮解性があり、空気中の水分を吸収する。また強い酸化剤である。炭の中にいれ熱灼すると音をたてて分解する。　問 63　クロルピクリン CCl_3NO_2 の確認：1）CCl_3NO_2 ＋金属 Ca ＋ベタナフチルアミン＋硫酸→赤色沈殿。2）　CCl_3NO_2 アルコール溶液＋ジメチルアニリン＋ブルシン＋ BrCN →緑ないし赤紫色。　問 64　硫酸亜鉛 $ZnSO_4 \cdot 7H_2O$ は、硫酸亜鉛の水溶液に塩化バリウムを加えると硫酸バリウムの白色沈殿を生じる。

問65　3　　問66　2　　問67　4
問68　3　　問69　2　　問70　4

〔解説〕

問65　フェントエートは、劇物。赤褐色、油状の液体で、芳香性刺激臭を有し、水、プロピレングリコールに溶けない。リグロインにやや溶け、アルコール、エーテル、ベンゼンに溶ける。有機燐系の殺虫剤。**問66、問68**　ジメトエートは、劇物。有機リン製剤であり、白色の固体で、融点は51～52度。キシレン、ベンゼン、メタノール、アセトン、エーテル、クロロホルムに可溶。水溶液は室温で徐々に加水分解し、アルカリ溶液中ではすみやかに加水分解する。太陽光線には安定で熱に対する安定性は低い。用途は殺虫剤。**問67、問69**　ダイファシノンは、黄色の結晶性粉末である。アセトン、酢酸に溶け、ベンゼンにわずかに溶ける。水にはほとんど溶けない。殺鼠剤として用いられる。**問70**　パラコートは、毒物で、ジピリジル誘導体で無色結晶、水によく溶け低級アルコールに僅かに溶ける。融点300度。金属を腐食する。不揮発性である。除草剤。

（特定品目）

問61　4　　問62　2　　問63　1
問64　1　　問65　4

〔解説〕

解答のとおり。

問66　3　　問67　1　　問68　2
問69　4　　問70　2

〔解説〕

問66、問69　四塩化炭素（テトラクロロメタン）CCl_4は、特有な臭気をもつ不燃性、揮発性無色液体、水に溶けにくく有機溶媒には溶けやすい。洗濯剤、清浄剤の製造などに用いられる。確認方法はアルコール性KOHと銅粉末とともに煮沸により黄赤色沈殿を生成する。**問67、問70**　ホルマリンはホルムアルデヒドHCHOの水溶液。フクシン亜硫酸はアルデヒドと反応して赤紫色になる。アンモニア水を加えて、硝酸銀溶液を加えると、徐々に金属銀を析出する。またフェーリング溶液とともに熱すると、赤色の沈殿を生ずる。**問68**　一酸化鉛PbO（別名リサージ）は劇物。赤色～赤黄色結晶。重い粉末で、黄色から赤色の間の様々なものがある。水にはほとんど溶けないが、酸、アルカリにはよく溶ける。

※九州全県・沖縄県統一共通においては、毎年８月に行われている試験が台風の影響により、２通りに分かれて試験が実施されました。これに伴い令和元年度は、２つの試験問題作成がされたことで、２つの試験問題を収録いたしました。

九州全県・沖縄県統一共通②〔佐賀県・長崎県・熊本県・大分県・宮崎県・鹿児島県〕

（一般）

問 61　3　　問 62　1
問 63　2　　問 64　3　　問 65　1

〔解説〕

問 61、問 63　四塩化炭素（テトラクロロメタン）CCl_4 は、特有な臭気をもつ不燃性、揮発性無色液体、水に溶けにくく有機溶媒には溶けやすい。洗濯剤、清浄剤の製造などに用いられる。確認方法はアルコール性 KOH と銅粉末とともに煮沸により黄赤色沈殿を生成する。問 62、問 64　メタノール CH_3OH は特有な臭いの無色透明な揮発性の液体。水に可溶。可燃性。あらかじめ熱灼した酸化銅を加えると、ホルムアルデヒドができ、酸化銅は還元されて金属銅色を呈する。問 65　過酸化水素 H_2O_2 は、無色無臭で粘性の少し高い液体。徐々に水と酸素に分解（光、金属により加速）する。安定剤として酸を加える。ヨード亜鉛からヨウ素を析出する。

問 66　1　　問 67　4
問 68　4　　問 69　3　　問 70　1

〔解説〕

問 66、問 68　フェノール C_6H_5OH は、無色の針状晶あるいは結晶性の塊りで特異な臭気があり、空気中で酸化され赤色になる。確認反応は $FeCl_3$ 水溶液により紫色になる（フェノール性水酸基の確認）。問 67、問 69　三硫化燐（P_4S_3）は毒物。斜方晶系針状結晶の黄色又は淡黄色または結晶性の粉末。火炎に接すると容易に引火し、沸騰水により徐々に分解して、硫化水素を発生し、燐酸を生ずる。マッチの製造に用いられる。問 70　硝酸銀 $AgNO_3$ は、劇物。無色結晶。水に溶して塩酸を加えると、白色の塩化銀を沈殿する。その硫酸と銅屑を加えて熱すると、赤褐色の蒸気を発生する。

（農業用品目）

問 61　4　　問 62　1　　問 63　2

〔解説〕

問 61　チアクロプリドは、劇物。無臭の黄色粉末結晶。用途は、シンクイムシ類等に対する農薬。　問 62　ベンダイオカルは毒物。カルバメート剤。白色結晶状粉末。水には 40ppm 溶ける。用途は、農薬殺虫剤。　問 63　アンモニア NH_3 は、常温では無色刺激臭の気体、冷却圧縮すると容易に液化する。水、エタノール、エーテルに可溶。強いアルカリ性を示し、腐食性は大。水溶液は弱アルカリ性を呈する。化学工業原料（硝酸、窒素肥料の原料）、冷媒。

問 64　1　　問 65　2　　問 66　3

〔解説〕

問 64　メタアルデヒドは、劇物。白色粉末結晶。アルデヒド臭。強酸化剤と接触又は混合すると激しい反応が起こる。用途は、殺虫剤。　問 65　エチルチオメトンは、毒物。無色～淡黄色の特異臭（硫黄化合物特有）のある液体。水にほとんど溶けない。有機溶媒に溶けやすい。アルカリ性で加水分解する。　問 66　カルボスルファンは、劇物。有機燐製剤の一種。褐色粘稠液体。用途はカーバメイト系殺虫剤。

問 67　4　　問 68　3　　問 69　1　　　問 70　2
〔解説〕
問 67　酢酸第二銅は、劇物。一般には一水和物が流通。暗緑色結晶。240 ℃で分解して酸化銅(Ⅱ)になる。水にやや溶けやすい。エタノールに可溶。用途は、触媒、染料、試薬。　　問 68　塩素酸コバルトは、劇物。暗赤色結晶。用途は、焙染剤、試薬等に用いられる。　　問 69　ニコチンは、毒物、無色無臭の油状液体だが空気中で褐色になる。殺虫剤。ニコチンの確認：1)ニコチン＋ヨウ素エーテル溶液→褐色液状→赤色針状結晶　2)ニコチン＋ホルマリン＋濃硝酸→バラ色。
問 70　硝酸亜鉛 $Zn(NO_3)_2$：白色固体、潮解性。水にきわめて溶けやすい。水に溶かした水酸化ナトリウム水溶液を加えると、白色のゲル状の沈殿を生ずる。

（特定品目）

問 61　4　　問 62　1　　問 63　2
問 64　1　　問 65　4
〔解説〕
問 61、問 64　酸化第二水銀(HgO_2)は毒物。赤色又は黄色の粉末。製法によって色が異なる。小さな試験管に入れ熱すると、黒色にかわり、その後分解し水銀を残す。更に熱すると揮散する。用途は塗料、試薬。問 62、問 65　アンモニア水は無色透明、刺激臭がある液体。アルカリ性を呈する。アンモニア NH_3 は空気より軽い気体。濃塩酸を近づけると塩化アンモニウムの白い煙を生じる。NH_3 ＋ HCl → NH_4Cl　問 63　酢酸エチル $CH_3COOC_2H_5$ は、無色果実臭の可燃性液体で、溶剤として用いられる。
問 66　2　　問 67　1　　問 68　3
問 69　4　　問 70　2
〔解説〕
問 66、問 69　ホルムアルデヒド HCHO は、無色刺激臭の気体で水に良く溶け、これをホルマリンという。ホルマリンは無色透明な刺激臭の液体、低温ではパラホルムアルデヒドの生成により白濁または沈澱が生成することがある。水、アルコール、エーテルと混和する。アンモニ水を加えて強アルカリ性とし、水浴上で蒸発すると、水に溶解しにくい白色、無晶形の物質を残す。フェーリング溶液とともに熱すると、赤色の沈殿を生ずる。問 67、問 70　塩酸は塩化水素 HCl の水溶液。無色透明の液体 25 %以上のものは、湿った空気中で著しく発煙し、刺激臭がある。塩酸は種々の金属を溶解し、水素を発生する。硝酸銀溶液を加えると、塩化銀の白い沈殿を生じる。　問 68　水酸化ナトリウム(別名：苛性ソーダ)NaOH は、白色結晶性の固体。水と炭酸を吸収する性質が強い。空気中に放置すると、潮解して徐々に炭酸ソーダの皮層を生ずる。動植物に対して強い腐食性を示す。

【令和２年度実施】

（一般）

問 61　1　　**問 62**　2
問 63　1　　**問 64**　2　　**問 65**　3

〔解説〕

弗化水素酸（HF・aq）は毒物。弗化水素の水溶液で無色またはわずかに着色した透明の液体。特有の刺激臭がある。不燃性。濃厚なものは空気中で白煙を生ずる。ガラスを腐食する作用がある。用途はフロンガスの原料。半導体のエッチング剤等。ろうを塗ったガラス板に針で任意の模様を描いたものに、この薬物を塗るとろうをかぶらない模様の部分は腐食される。

黄リン P_4 は、白色又は淡黄色の固体で、ニンニク臭がある。水酸化ナトリウムと熱すればホスフィンを発生する。酸素の吸収剤として、ガス分析に使用され、殺鼠剤の原料、または発煙剤の原料として用いられる。暗室内で酒石酸又は硫酸酸性で水蒸気蒸留を行い、その際冷却器あるいは流水管の内部に美しい青白色の光がみられる。

四塩化炭素（テトラクロロメタン）CCl4 は、特有な臭気をもつ不燃性、揮発性無色液体、水に溶けにくく有機溶媒には溶けやすい。洗濯剤、清浄剤の製造などに用いられる。確認方法はアルコール性 KOH と銅粉末とともに煮沸により黄赤色沈殿を生成する。

問 66　1　　**問 67**　2
問 68　1　　**問 69**　2　　**問 70**　3

〔解説〕

スルホナールは劇物。無色、稜柱状の結晶性粉末。無色の斜方六面形結晶で、潮解性をもち、微弱の刺激性臭気を有する。水、アルコール、エーテルには溶けやすく、水溶液は強酸性を呈する。木炭とともに加熱すると、メルカプタンの臭気を放つ。

ピクリン酸（$C_6H_2(NO_2)_3OH$）は、淡黄色の針状結晶で、急熱や衝撃で爆発。ピクリン酸による羊毛の染色（白色→黄色）。

塩素酸ナトリウム $NaClO_3$ は、劇物。潮解性があり、空気中の水分を吸収する。また強い酸化剤である。炭の中にいれ熱灼すると音をたてて分解する。

（農業用品目）

問 61　4　　**問 62**　1　　**問 63**　3　　**問 64**　2

〔解説〕

問 61　燐化アルミニウムの確認方法：湿気により発生するホスフィン PH3 により硝酸銀中の銀イオンが還元され銀になる（Ag ＋→ Ag）ため黒変する。　**問 62**　無水硫酸銅 $CuSO_4$　無水硫酸銅は灰白色粉末、これに水を加えると五水和物 $CuSO_4 \cdot 5H_2O$ になる。これは青色ないし群青色の結晶、または顆粒や粉末。水に溶かして硝酸バリウムを加えると、白色の沈殿を生ずる。　**問 63**　ニコチンは、毒物、無色無臭の油状液体だが空気中で褐色になる。殺虫剤。ニコチンの確認：1）ニコチン＋ヨウ素エーテル溶液→褐色液状→赤色針状結晶　2）ニコチン＋ホルマリン＋濃硝酸→バラ色。　**問 64**　硫酸 H_2SO_4 は無色の粘張性のある液体。強力な酸化力をもち、また水を吸収しやすい。水を吸収するとき発熱する。木片に触れるとそれを炭化して黒変させる。また、銅片を加えて熱すると、無水亜硫酸を発生する。硫酸の希釈液に塩化バリウムを加えると白色の硫酸バリウムが生じるが、これは塩酸や硝酸に溶解しない。

問65　4　問66　1　問67　3
問68　3　問69　2　問70　1

〔解説〕

カズサホスは、10％を超えて含有する製剤は毒物、10％以下を含有する製剤は劇物。有機リン製剤、硫黄臭のある淡黄色の液体。水に溶けにくい。有機溶媒に溶けやすい。比重1.05(20℃)、沸点149℃。

弗化スルフリル(SO_2F_2)は毒物。無色無臭の気体。水に溶ける。クロロホルム、四塩化炭素に溶けやすい。アルコール、アセトンにも溶ける。水では分解しないが、水酸化ナトリウム溶液で分解される。用途は殺虫剤、燻蒸剤。

ナラシンは毒物（1％以上～10％以下を含有する製剤は劇物。）アセトン－水から結晶化させたものは白色～淡黄色。特有な臭いがある。用途は飼料添加物。

塩素酸ナトリウム $NaClO_3$ は、無色無臭結晶、酸化剤、水に易溶。有機物や還元剤との混合物は加熱、摩擦、衝撃などにより爆発することがある。用途は除草剤、酸化剤、抜染剤。

（特定品目）

問61　2　問62　3
問63　4　問64　2　問65　1

〔解説〕

塩酸は塩化水素 HCl の水溶液。無色透明の液体 25％以上のものは、湿った空気中で著しく発煙し、刺激臭がある。塩酸は種々の金属を溶解し、水素を発生する。硝酸銀溶液を加えると、塩化銀の白い沈殿を生じる。

過酸化水素 H_2O_2 は、無色無臭で粘性の少し高い液体。徐々に水と酸素に分解(光、金属により加速)する。安定剤として酸を加える。ヨード亜鉛からヨウ素を析出する。

一酸化鉛 PbO は、重い粉末で、黄色から赤色までの間の種々のものがある。希硝酸に溶かすと、無色の液となり、これに硫化水素を通じると、黒色の沈殿を生じる。

問66　4　問67　1　問68　3
問69　2　問70　1

〔解説〕

シュウ酸$(COOH)_2 \cdot 2H_2O$は無色の柱状結晶、風解性、還元性、漂白剤、鉄さび落とし。無水物は白色粉末。水、アルコールに可溶。エーテルには溶けにくい。また、ベンゼン、クロロホルムにはほとんど溶けない。水溶液を酢酸で弱酸性にして酢酸カルシウムを加えると、結晶性の沈殿を生じる。

キシレン $C_6H_4(CH_3)_2$(別名キシロール、ジメチルベンゼン、メチルトルエン)は、無色透明な液体で o-、m-、p-の 3 種の異性体がある。水にはほとんど溶けず、有機溶媒に溶ける。蒸気は空気より重い。溶剤。揮発性、引火性。

アンモニア水は無色透明、刺激臭がある液体。アルカリ性を呈する。アンモニア NH_3 は空気より軽い気体。濃塩酸を近づけると塩化アンモニウムの白い煙を生じる。$NH_3 + HCl \rightarrow NH_4Cl$

【令和３年度実施】

（一般）

問61　3　　問63　1
問62　1　　問64　4
問65　2

〔解説〕

問 61、問 62　亜硝酸ナトリウム $NaNO_2$ は、劇物。白色または微黄色の結晶性粉末。水に溶けやすい。アルコールにはわずかに溶ける。潮解性がある。空気中では徐々に酸化する。硝酸銀の中性溶液で白色の沈殿を生ずる。　問 63、問 64　ニコチンは、毒物、無色無臭の油状液体だが空気中で褐色になる。殺虫剤。ニコチンの確認：1)ニコチン＋ヨウ素エーテル溶液→褐色液状→赤色針状結晶　2)ニコチン＋ホルマリン＋濃硝酸→バラ色。　問 65　硫酸亜鉛 $ZnSO_4$・$7H_2O$ は、硫酸亜鉛の水溶液に塩化バリウムを加えると硫酸バリウムの白色沈殿を生じる。

問66　4　　問68　3
問67　2　　問69　1
問70　4

〔解説〕

問 66、問 68　ベタナフトール $C_{10}H_7OH$ は、無色～白色の結晶、石炭酸臭、水に溶けにくく、熱湯に可溶。識別は、1)水溶液にアンモニア水を加えると、紫色の蛍石彩をはなつ。　2)水溶液に塩素水を加えると白濁し、これに過剰のアンモニア水を加えると澄明となり、液は最初緑色を呈し、のち褐色に変化する。

問 67、問 69　トリクロル酢酸 CCl_3CO_2H は、劇物。無色の斜方六面体の結晶。わずかな刺激臭がある。潮解性あり。水、アルコール、エーテルに溶ける。水溶液は強酸性、皮膚、粘膜に腐食性が強い。水酸化ナトリウム溶液を加えて熱するとクロロホルム臭を放つ。　問 70　硝酸ウラニルは劇物。淡黄色の柱状の結晶。緑色の光沢を有する。水に溶けやすい。水溶液に硫化アンモニウムを加えると、黒色の沈殿を生成する。用途は試薬、工業にガラス、写真として使用される。

（農業用品目）

問61　4

〔解説〕

モノフルオール酢酸ナトリウム FCH_2COONa は特定毒物。有機弗素系化合物。重い白色粉末、吸湿性、冷水に易溶、有機溶媒には溶けない。水、メタノールやエタノールに可溶。野ネズミの駆除に使用。施行令第 12 条により、深紅色に着色されていること。また、トウガラシ末またはトウガラシチンキの購入が義務づけられている。

問62　3　　問63　4　　問64　1

〔解説〕

問 62　大気中の湿気にふれると、徐々に分解して有毒なガスを発生し、共存する分解促進剤からは炭酸ガスとアンモニアガスが生ずるとともに、カーバイト様の臭気にかわる。〔本品から発生したガスに、5～ 10 ％硝酸銀溶液を浸した濾紙を近づけると黒変する。〕　問 63　硫酸第二銅、五水和物白色濃い藍色の結晶で、水に溶けやすく、水溶液は青色リトマス紙を赤変させる。水に溶かし硝酸バリウムを加えると、白色の沈殿を生じる。　問 64　塩素酸ナトリウム $NaClO_3$ は、劇物。潮解性があり、空気中の水分を吸収する。また強い酸化剤である。炭の中にいれ熱灼すると音をたてて分解する。

問 65　3　　問 66　4
問 69　3　　問 70　4
問 67　1
問 68　2

〔解説〕

問 65、問 66　硫酸亜鉛 $ZnSO_4 \cdot 7H_2O$ は、硫酸亜鉛の水溶液に塩化バリウムを加えると硫酸バリウムの白色沈殿を生じる。**問 66、問 70**　クロルピクリン CCl_3NO_2 の確認方法：CCl_3NO_2 ＋金属 Ca ＋ベタナフチルアミン＋硫酸→赤色。

問 67　ニコチンは、毒物、無色無臭の油状液体だが空気中で褐色になる。殺虫剤。ニコチンの確認：1)ニコチン＋ヨウ素エーテル溶液→褐色液状→赤色針状結晶　2)ニコチン＋ホルマリン＋濃硝酸→バラ色。　**問 68**　塩素酸カリウム $KClO_3$ は劇物。白色固体。加熱により分解し酸素発生 $2KClO_3 \rightarrow 2KCl + 3O_2$　熱すると酸素を発生して、塩化カリとなり、これに塩酸を加えて熱すると、塩素を発生する。水溶液に酒石酸を多量に加えると、白色の結晶性の物質を生ずる。

（特定品目）

問 61　3　　問 62　4
問 64　2　　問 65　3
問 63　1

〔解説〕

問 61、問 64　メタノール CH_3OH は特有な臭いの無色透明な揮発性の液体。水に可溶。可燃性。あらかじめ熱灼した酸化銅を加えると、ホルムアルデヒドができ、酸化銅は還元されて金属銅色を呈する。**問 62、問 65**　硫酸 H_2SO_4 は無色の粘張性のある液体。強力な酸化力をもち、また水を吸収しやすい。水を吸収するとき発熱する。木片に触れるとそれを炭化して黒変させる。硫酸の希釈液に塩化バリウムを加えると白色の硫酸バリウムが生じるが、これは塩酸や硝酸に溶解しない。　**問 63**　蓚酸 $(COOH)_2 \cdot 2H_2O$ は無色の柱状結晶、風解性、還元性、漂白剤、鉄さび落とし。無水物は白色粉末。水、アルコールに可溶。エーテルには溶けにくい。また、ベンゼン、クロロホルムにはほとんど溶けない。

問 66　1　　問 67　4
問 69　2　　問 70　3
問 68　3

〔解説〕

問 66、問 69　アンモニア水は無色透明、刺激臭がある液体。アルカリ性を呈する。アンモニア NH_3 は空気より軽い気体。濃塩酸をうるおしたガラス棒を近づけると、白煙を生ずる。**問 67、問 70**　クロロホルム $CHCl_3$(別名トリクロロメタン)は、無色、揮発性の液体で特有の香気とわずかな甘みをもち、麻酔性がある。アルコール溶液に、水酸化カリウム溶液と少量のアニリンを加えて　熱すると、不快な刺激性の臭気を放つ。重クロム酸カリウム $K_2Cr_2O_7$ は、橙赤色結晶、酸化剤。水に溶けやすく、有機溶媒には溶けにくい。

【令和４年度実施】

（一般）

問 61　4　　問 62　3　　問 65　2
問 63　1　　問 64　3

〔解説〕

問 61、問 63　硝酸銀 $AgNO_3$ は、劇物。無色結晶。水に溶して塩酸を加えると、白色の塩化銀を沈殿する。その硫酸と銅屑を加えて熱すると、赤褐色の蒸気を発生する。　　問 62、問 64　アニリン $C_6H_5NH_2$ は、劇物。新たに蒸留したものは無色透明油状液体、光、空気に触れて赤褐色を呈する。特有な臭気。水には難溶、有機溶媒には可溶。水溶液にさらし粉を加えると紫色を呈する。

問 65　メチルスルホナールは、劇物。無色の針状結晶。臭気がない。水に可溶。

問 66　1　　問 67　3
問 68　3　　問 69　2　　問 70　1

〔解説〕

問 66、問 68　硝酸 HNO_3 は、劇物。無色の液体。特有な臭気がある。腐食性が激しい。銅屑を加えて熱すると、藍色を呈して溶け、その際赤褐色の蒸気を発生する。　　問 67、問 69　三硫化燐(P_4S_3)は毒物。斜方晶系針状結晶の黄色又は淡黄色または結晶性の粉末。火炎に接すると容易に引火し、沸騰水により徐々に分解して、硫化水素を発生し、燐酸を生ずる。　問 70　カリウム K は、炎色反応が紫色。

（農業用品目）

問 61　1

〔解説〕

問 61　ジメトエートは、白色の固体。水溶液は室温で徐々に加水分解し、アルカリ溶液中ではすみやかに加水分解する。太陽光線に安定で、熱に対する安定性は低い。用途は、稲のツマグロヨコバイ、ウンカ類、果樹のﾔﾉﾈｶｲｶﾞﾗﾑｼ、ミカンハモグリガ、ハダニ類、アブラムシ類、ハダニ類の駆除。有機燐製剤の一種である。

問 62　4　　問 63　3　　問 64　2　　問 65　1

〔解説〕

問 62　2・3-ジシアノ－１・４－ジチアアントラキノン(別名ジチアノン)は劇物。褐色の粉末。水にほとんど溶けない。　　問 63　ダイファシノンは毒物。黄色結晶性粉末。アセトン酢酸に溶ける。水にはほとんど溶けない。　問 64　2, 4, 6, 8-テトラメチル-1, 3, 5, 7-テトラオキソカン(別名メタアルデヒド)は、劇物。白色粉末(結晶)。アルデヒド臭がある。酸性で不安定、アルカリに安定。

問 65　エチレンクロルヒドリン CH_2ClCH_2OH(別名グリコールクロルヒドリン)は劇物。無色液体で芳香がある。水、アルコールに溶ける。蒸気は空気より重い。

問 66　3　　問 67　2　　問 68　4
問 69　4　　問 70　3

〔解説〕

問 66、問 67　無機銅塩類水溶液に水酸化ナトリウム溶液で冷時青色の水酸化第二銅を沈殿する。　　問 67、問 70　アンモニア水は無色透明、刺激臭がある液体。濃塩酸をうるおしたガラス棒を近づけると、白い霧を生ずる。また、塩酸を加えて中和したのち、塩化白金溶液を加えると、黄色、結晶性の沈殿を生ずる。

問 68　硫酸 H_2SO_4 は無色の粘張性のある液体。強力な酸化力をもち、また水を吸収しやすい。水を吸収するとき発熱する。木片に触れるとそれを炭化して黒変させる。また、銅片を加えて熱すると、無水亜硫酸を発生する。硫酸の希釈液に塩化バリウムを加えると白色の硫酸バリウムが生じるが、これは塩酸や硝酸に溶解しない。

（特定品目）

問61　2　　問62　1　　問63　4
問64　1　　問65　3

〔解説〕

問 61、問 64　アンモニア水はアンモニア NH_3 を水に溶かした水溶液、無色透明、刺激臭がある液体。濃塩酸をうるおしたガラス棒を近づけると、白い霧を生ずる。また、塩酸を加えて中和したのち、塩化白金溶液を加えると、黄色、結晶性の沈殿を生ずる。　問 62、問 65　ホルマリンは、ホルムアルデヒド HCHO を水に溶かしたもの。無色透明な液体で刺激臭を有し、寒冷地では白濁する場合がある。水、アルコールに混和するが、エーテルには混和しない。硝酸を加え、さらにフクシン亜硫酸液を加えると、藍紫色を呈した。　問 63 トルエン $C_6H_5CH_3$(別名トルオール、メチルベンゼン)は劇物。無色透明な液体で、ベンゼン臭がある。蒸気は空気より重く、可燃性である。沸点は水より低い。水には不溶、エタノール、ベンゼン、エーテルに可溶である。

問66　2　　問67　1　　問68　3
問69　2　　　　　　　問70　1

〔解説〕

問 66、問 69　酸化第二水銀 HgO は毒物。赤色または黄色の粉末。水にはほとんど溶けない。小さな試験管に入れる熱すると、ばしめに黒色にかわり、後に分解して水銀を残し、なお熱すると、まったく揮散してしまう。　問 67　メタノール(メチルアルコール)CH_3OH は、劇物。(別名：木精)無色透明。揮発性の可燃性液体である。沸点 64.7℃。蒸気は空気より重く引火しやすい。水とよく混和する。　問 68、問 70　塩酸は塩化水素 HCl の水溶液。無色透明の液体 25 %以上のものは、湿った空気中で著しく発煙し、刺激臭がある。塩酸は種々の金属を溶解し、水素を発生する。硝酸銀溶液を加えると、塩化銀の白い沈殿を生じる。

【令和５年度実施】

（一般）

問61　4　　問62　2
問63　3　　問64　1　　問65　2

〔解説〕

塩素酸カリウム $KClO_3$ は白色固体。加熱により分解し酸素発生 $2KClO_3 \rightarrow 2KCl + 3O_2$ マッチの製造、酸化剤。熱すると酸素を発生して、塩化カリとなり、これに塩酸を加えて熱すると、塩素を発生する。水溶液に酒石酸を多量に加えると、白色の結晶性の物質を生ずる。

硫酸第二銅、五水和物白色濃い藍色の結晶で、水に溶けやすく、水溶液は青色リトマス紙を赤変させる。水に溶かし硝酸バリウムを加えると、白色の沈殿を生じる。

アンモニア水は無色透明、刺激臭がある液体。濃塩酸をうるおしたガラス棒を近づけると、白い霧を生じる。

問66　3　　問67　2
問68　1　　問69　4　　問70　2

〔解説〕

弗化水素酸(HF・aq)は毒物。弗化水素の水溶液で無色またはわずかに着色した透明の液体。特有の刺激臭がある。不燃性。濃厚なものは空気中で白煙を生ずる。ガラスを腐食する作用がある。用途はフロンガスの原料。半導体のエッチング剤等。ろうを塗ったガラス板に針で任意の模様を描いたものに、この薬物を塗るとろうをかぶらない模様の部分は腐食される。

四塩化炭素(テトラクロロメタン) CCl_4 は、特有な臭気をもつ不燃性、揮発性無色液体、水に溶けにくく有機溶媒には溶けやすい。洗濯剤、清浄剤の製造などに用いられる。確認方法はアルコール性 KOH と銅粉末とともに煮沸により黄赤色沈殿を生成する。

燐化亜鉛 Zn_3P_2 は、灰褐色の結晶又は粉末。かすかにリンの臭気がある。ベンゼン、二硫化炭素に溶ける。酸と反応して有毒なホスフィン PH3 を発生。

（農業用品目）

問61　4　　問62　1　　問63　3
問64　2　　問65　3

〔解説〕

硝酸亜鉛 $Zn(NO_3)_2$ は、白色固体、潮解性。水にきわめて溶けやすい。水に溶かした水酸化ナトリウム水溶液を加えると、白色のゲル状の沈殿を生ずる。

塩素酸コバルト〔塩素酸塩類〕は、劇物。紫赤色結晶。用途は媒染剤、煙火用。炭の上に小さな孔をつくり、試料を入れ吹管炎で熱灼すると、パチパチ音をたてて分解する。

ヨウ化メチル CH_3I は、無色又は淡黄色透明の液体であり、空気中で光により一部分解して褐色になる。エタノール、エーテルに任意の割合に混合する。水に可溶である。

問66　3　　問67　4　　問68　1
問69　2　　問70　4

〔解説〕

アンモニア水は、アンモニアの水溶液。無色透明で、揮発性の液体。アンモニアガスと同様で鼻をさすような臭気がある。用途は化学工業原料、試薬として用いられる。

ジクワットは、劇物で、ジピリジル誘導体で淡黄色結晶、水に溶ける。中性又は酸性で安定、アルカリ溶液でうすめる場合には、２～３時間以上貯蔵できない。腐食性を有する。土壌等に強く吸着されて不活性化する性質がある。用途は、除草剤。

2-クロル-1-(2・4-ジクロルフェニル)ビニルジメチルホスフェイト(別名シメチルビンホス）は、劇物。微粉末状結晶。キシレン、アセトン等に溶ける。用途は、殺虫剤。

（特定品目）

問61　1　　問62　3　　問63　4
問64　4　　問65　1

〔解説〕

硫酸 H_2SO_4 は無色の粘張性のある液体。強力な酸化力をもち、また水を吸収しやすい。水を吸収するとき発熱する。木片に触れるとそれを炭化して黒変させる。硫酸の希釈液に塩化バリウムを加えると白色の硫酸バリウムが生じるが、これは塩酸や硝酸に溶解しない。

一酸化鉛 PbO は、重い粉末で、黄色から赤色までの間の種々のものがある。希硝酸に溶かすと、無色の液となり、これに硫化水素を通じると、黒色の沈殿を生じる。

硝酸 HNO_3 は、劇物。無色の液体。特有な臭気がある。腐食性が激しい。空気に接すると刺激性白霧を発し、水を吸収する性質が強い。硝酸は白金その他白金属の金属を除く。処金属を溶解し、硝酸塩を生じる。

問66　3　　問67　2　　問68　4
問69　3　　問70　1

〔解説〕

メタノール CH_3OH は特有な臭いの無色透明な揮発性の液体。水に可溶。可燃性。あらかじめ熱灼した酸化銅を加えると、ホルムアルデヒドができ、酸化銅は還元されて金属銅色を呈する。

蓚酸は色の結晶で、水溶液を酢酸で弱酸性にして酢酸カルシウムを加えると、結晶性の沈殿を生ずる。水溶液は過マンガン酸カリウム溶液を退色する。水溶液をアンモニア水で弱アルカリ性にして塩化カルシウムを加えると、蓚酸カルシウムの白色の沈殿を生ずる。

硅弗化ナトリウム Na_2SiF_6 は劇物。無色の結晶。水に溶けにくい。酸と接触すると弗化水素ガス及び四弗化ケイ素ガスを発生する。ガスは有毒なので注意する。